U0157377

新型微纳光学传感技术

唐婷婷　李朝阳　著

科学出版社
北　京

内 容 简 介

本书以微纳光学传感机理与技术为基础，系统总结了作者十余年来在微纳光学传感领域的研究成果。内容涵盖各类基于表面等离子体谐振（SPR）波导、定向耦合器、马赫-泽德干涉仪（MZI）与光子晶体的新型传感器件及技术的仿真、设计和应用方案。这些微纳光学传感机理的提出拓展了一些崭新物理现象的应用领域。同时，这类具有新型物理机理的微纳光学传感技术能够实现传统光学传感器件无法达到的高灵敏度、高灵活性、低成本和小型化。

本书可供理工科院校光学、仪器科学与技术、光电子技术和光通信等专业的高年级本科生、研究生参考使用，也可作为相关专业研究人员的参考书。

图书在版编目(CIP)数据

新型微纳光学传感技术/唐婷婷，李朝阳著. —北京：科学出版社，2023.7
ISBN 978-7-03-070673-7

Ⅰ.①新…　Ⅱ.①唐…②李…　Ⅲ.①微电子技术-纳米技术-应用-光纤传感器-研究　Ⅳ.①TP212.4

中国版本图书馆 CIP 数据核字 (2021) 第 232540 号

责任编辑：叶苏苏/责任校对：彭　映
责任印制：罗　科/封面设计：义和文创

科学出版社 出版
北京东黄城根北街16号
邮政编码：100717
http://www.sciencep.com

四川煤田地质制图印务有限责任公司 印刷
科学出版社发行　各地新华书店经销

＊

2023 年 7 月第　一　版　　开本：B5 (720×1000)
2023 年 7 月第一次印刷　　印张：12 1/2
字数：259 000

定价：159.00 元
（如有印装质量问题，我社负责调换）

前　　言

　　微纳光学传感芯片以其特有的光学谐振增强效应使生物传感具有极高的灵敏度，可以实现对微量生物物质的无标记探测。微纳光学传感芯片除具有灵敏度高、响应迅速、结构简单等优点，其最大优势在于它能胜任一些传统传感芯片无法完成的传感任务，如在易燃易爆、高温高湿、强电磁场干扰的环境下进行传感检测，同时还能携带巨大的信息量。无标记检测手段避免了标定物可能引起的检测物失活等干扰，省去了标定过程，可实时在线观察和定性分析动态检测过程，因而具有巨大优势。

　　随着纳米技术的发展，光子晶体光纤、超表面和表面等离子体等研究广泛应用于微纳光学传感。微纳光学传感芯片通常设计成平面波导结构，采用成熟的半导体平面工艺进行加工，易实现同其他光电芯片和微流控芯片的系统集成，并且可进行化学表面处理。因此，微纳光学生化传感芯片是一类极具应用前景的光学微纳生物传感器件。

　　此外，手性分子检测一直是国际上关注的热点。手性分子是指与其镜像不相同且不能互相重合的具有一定构型或构象的分子。自然界存在的糖、核酸、淀粉、纤维素中的糖单元、氨基酸、DNA等分子都具有手性。作用于生物体内的药物或农药，药效作用多与其体内靶分子间的手性匹配或手性相关。目前，对手性分子的检测主要依靠电化学和光学手段。手征光信号包括圆二色性和旋光性，它是检测手征分子光学活性并确定其对映体绝对构型的有效方法，现已广泛用于手性分子的合成与分析的研究中。

　　随着传感精度和速度的不断提高，目前迫切需要发展具有新机理和新结构的微纳光学传感芯片。光自旋霍尔效应作为一种对磁光效应特别敏感的现象，有望广泛应用于手性分子、重金属、微生物等传感中。

　　本书紧跟微纳光学传感技术研究的前沿，系统总结了作者十余年来以新材料、新结构和新型物理机理为基础设计的光电子器件，包括光通信器件、光场调控器件及光学传感芯片。本书从微纳光学传感器件的不同原理出发组织材料，全书结构合理，条理清晰。

　　本书在撰写过程中得到了课题组孙萍教授、罗莉副教授、梁潇副教授的大力支持，在此表示感谢。同时，感谢李杰、李能西、张鹏宇、肖佳欣对本书所做的贡献。由于作者水平有限，书中难免存在不足，敬请广大读者批评指正。

唐婷婷　李朝阳

2023 年 3 月

目　　录

第1章 绪　　论

1.1　表面等离子体共振简介

传统物质可分为三态：固态、液体和气态。但是，当物质被加热到足够高的温度或由于其他原因使外围电子摆脱原子束缚而变成自由电子，这个过程称为"电离"。这时物质主要由电子和正离子组成，叫作等离子体(plasma)[1]。表面等离子体(surface plasma，SP)一词中的等离子体也源于此，但物理意义却不尽相同。如果认为金属中的价电子是在均匀正电荷中运动的电子气体，那么它也可以看成一种等离子体。当金属受到电磁波的作用时，金属中原来均匀分布的电子密度就会发生改变，某些正电荷过剩的区域就会吸引附近的电子。但是电子由于在被吸引的过程中获得动能，所以又会使这一区域的负电荷增多，由于电子间的相互排斥将离开这一区域。在库仑力的作用下，这一过程将导致整个电子系统发生振荡，该现象称为金属的共振。

表面等离子体共振(surface plasmon resonance，SPR)产生的原因与之相似，但却略有不同，因为 SPR 均有特定的本征模式。表面等离子波(surface plasmon wave，SPW)是在金属和介质(满足介电常数为一正一负)分界面上形成的一种电磁波，它可以沿分界面传播。SPW 是一种横磁波，其磁场方向垂直波矢量方向且平行于两种介质材料的分界面方向。当在传播方向的波矢量满足匹配条件时，入射光的光子与金属表面的电子将发生相互作用，在分界面发生共振现象，所产生的场矢量在金属和介质的分界面处达到最大，在两种介质层中呈指数迅速衰减。

1902 年，Wood 等在实验中发现，当一束入射光经过金属光栅发生衍射时，透射光的频谱光强将出现不规则的增强或减弱[2]，这是首次发现 SPR 现象，虽然他们并不知道具体原因。Fano 在 1941 年首次解释了 Wood 发现的异常，他通过金属与空气介质界面上电磁波的边界条件和传播理论对 SPR 激发进行研究[3]。在这之后，有人把 SPR 现象看成是体积等离子体，认为它是一种金属体积电子密度的波动，这表明 SPR 是纵向波动。1957 年，Ritchie 发现 SPR 的产生与金属薄膜界面有关系，当高能电子穿透金属薄膜时会出现能量损失[4]。1959 年，Powell[5]在实验中验证了 Ritchie 的理论。1960 年，Stern 和 Ferrell 对这种共振产生的条件进行研究并首次提出表面等离子体的概念[6]。1988 年，Reather 分析了不同类型

SPR 的模式[7]，并最终解释了 Wood 发现的光强不规则损失问题。

想要激发 SPR，常见的方法主要有四种，分别是棱镜耦合、光栅耦合、光纤耦合和波导耦合。下面分别对这四种耦合方式进行介绍。

1. 棱镜耦合

棱镜耦合方式是激发 SPR 最为广泛的使用方法，主要有两种，分别是奥托(Otto)结构和克雷奇曼(Kretschmann)结构[8]，如图 1-1 所示。棱镜可以将入射光耦合进波导结构中，入射的 p 偏振光产生衰减全反射(attenuated total reflection，ATR)，将能量传递给 SPW。两种结构的主要不同之处在于棱镜底部和金属薄膜之间是否有空气间隙。Otto 结构耦合对空气间隙的厚度有特定的要求，厚度大概在几十到几百纳米，因此在制备上有一定难度，应用较少；而 Kretschmann 结构耦合没有空气间隙，制备简单，使用方便，在实验研究和实际应用中使用广泛。

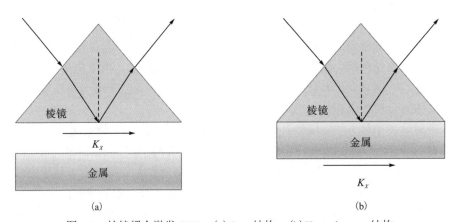

图 1-1 棱镜耦合激发 SPR：(a) Otto 结构；(b) Kretschmann 结构

2. 光栅耦合

这种激发 SPR 的方式主要利用金属与介质形成周期性变化的金属光栅面。当入射偏振光射到金属光栅表面时会发生衍射现象，生成不同级次的衍射阶，如图 1-2 所示。如果某一阶衍射光在界面上的波矢与 SPW 的波矢相等，就会发生 SPR 现象，对应的衍射阶光强将大幅降低，能量转移到 SPW 上，衍射光谱出现吸收峰。随着微纳加工技术的发展，光栅耦合的方式也越来越多样。但是该结构也有缺点，检测溶液必须是无色透明的[9]，否则光束能量消耗较大，给检测带来额外的噪声。

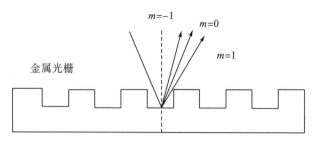

图 1-2 光栅耦合激发 SPR

3. 光纤耦合

为了克服棱镜耦合结构体积大、难以微型化的缺点，Jorgenson 博士用光纤传输光以代替棱镜[10]。这种结构主要有两种：在线传输式和终端反射式，如图 1-3 所示。将光纤的包层剥离一部分，露出纤芯层，再在外面镀上金属薄膜，这样就形成了类似棱镜耦合的光纤耦合结构。光在光纤传输的过程中，光纤表面会产生 SPW，当某个模式的 SPW 传播常数满足共振条件时，就会产生 SPR。光纤具有独特的性质，该结构小巧紧凑，能进入人难以到达的地方进行检测，同时信号也不容易受到外界环境的干扰。

图 1-3 光纤耦合激发 SPR：(a)在线传输式；(b)终端反射式

4. 波导耦合

波导耦合型 SPR 的激发方式与棱镜结构有相似之处，当光束以一定角度在波导层中传播时，其通过金属沉积区域时会发生 ATR，此时会激发 SPW，且当 SPW 的相位满足入射光模式时，就会产生 SPR，如图 1-4 所示。波导耦合型 SPR 具有结构稳定性好、器件集成度高、操作方便等优势，能够与微流体技术相结合，具有一定的生化应用价值[11]。波导耦合型 SPR 的传感应用是近年来各科研机构的研究热点，也是未来传感发展的重要方向。

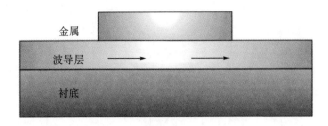

图 1-4　波导耦合型 SPR

1.2　SPR 传感技术的研究

1.2.1　SPR 传感的原理

在金属与介质材料分界面传播的 SPW 波矢对介质材料折射率的变化极其敏感，如果金属层两侧介质材料的折射率发生极其细微的改变，那么 SPR 的共振条件也会相应改变，SPR 的共振吸收峰也会发生相应的改变，这种改变可以在反射率曲线中直接观察到[12]。SPR 传感技术就是基于上述现象对金属表面的某些物质进行检测分析，通过快速测量被测物质的折射率变化来实现对浓度、成分与生物分子信息等的检测。例如，通过检测与金属直接接触的溶液折射率的变化，再联系溶液浓度与折射率的对应关系，就可以实现对溶液浓度的实时检测。利用 SPR 传感技术进行生化反应检测时，首先将传感介质层固定在传感金属膜表面，然后将待测样品以恒定速率经过传感波导。此时，待测样品与传感层介质相互作用，并最终使传感层的折射率或厚度发生变化，因此相应的 SPR 光学信号也随之改变。

1.2.2　SPR 传感的检测方式

SPR 的传感检测方式主要有三种，分别是角度调制（angle modulation）、波长调制（wavelength modulation）和相位调制（phase modulation）。假设一个 Kretschmann 棱镜耦合结构由 BK7 棱镜和 Au 薄膜组成，Au 层的厚度为 40 nm，下面分别对三种调制方式进行介绍。

1. 角度调制

角度调制一般采用单色光源入射，通过不停地改变入射角，使得到的反射光的强度不断变化，由此得到反射光曲线，记录反射光强最小处的入射角度，即通常所说的共振角。当金属表面传感层的厚度或折射率发生变化时，记录此时共振角的变化情况[13-15]，如图 1-5 所示。

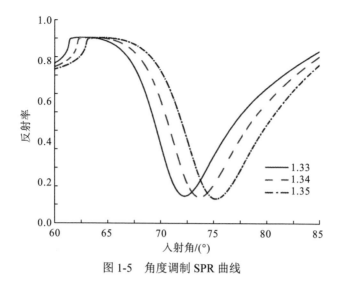

图 1-5　角度调制 SPR 曲线

2. 波长调制

波长调制一般采用复色光源入射，固定入射角(一般采用垂直入射)，记录反射光的光谱曲线。当金属表面传感层的厚度或折射率发生变化时，通过对比此时光谱曲线的变化，共振波长也会有相应变化[16,17]，如图 1-6 所示。

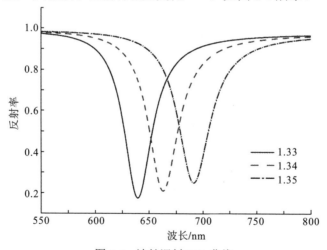

图 1-6　波长调制 SPR 曲线

3. 相位调制

相位调制一般采用单色光源入射，同时固定入射角。当激发 SPR 时，共振角附近的相位也会发生明显变化，通过测量 p 偏振光和 s 偏振光的相位差，可以检测金属表面传感层的厚度或折射率变化[18,19]，如图 1-7 所示。

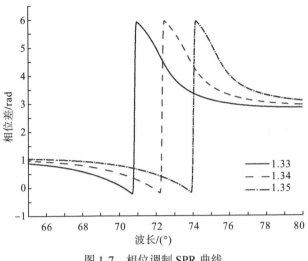

图 1-7　相位调制 SPR 曲线

1.2.3　SPR 传感的研究与应用

由于 SPR 传感技术具有其他检测技术没有的优势，所以该技术得到了迅速发展，并得到了广泛的研究与应用。近几十年，SPR 传感技术大量应用于各个学科领域的研究之中，尤其是生物化学检测方面的研究最为广泛，各种基于 SPR 原理的生化传感芯片被用于临床医学、生物制药、环境卫生及食品安全等领域。

1983 年，瑞典科学家 Liedberg 和 Nylander 等利用 SPR 原理成功实现了对气体和蛋白质与抗原结合的检测[20]，将 SPR 传感技术推向了生化检测领域。1997年，Hanken 等将电化学技术与 SPR 结合，他们采用 EM-SPR 方法，成功测得偶氮苯生色团的变化[21]，该方法的分辨率高达 8×10^{-6} RIU (refractive index unit，单位折射率)。1998 年，Kabashin 和 Nikitin 设计了一种基于 Kretschmann 结构的 SPR干涉仪[22]，该传感方法可探测的最小相位变化为 $\pi/(100 \sim 200)$，可探测的相位范围为 $(1.2 \sim 1.7)\pi$，最小探测灵敏度可达到 4×10^{-8} RIU。2005 年，Homola 等提出了一种 SPR 阵列光栅结构[23]，该传感结构的分辨率可以达到 5×10^{-6} RIU，并且能实现数十个通道同时进行检测，成本便宜，可进行大批量生产。

同时，随着新型人工超材料与微纳材料研制的突破，人们的关注点转移到材料产生 SPR 的物理机理，因此有关 SPR 传感技术的理论研究得到了空前发展。这些研究主要集中在增强 SPR 的耦合效率和增强传感性能方面，如提高传感灵敏度和增大极限分辨率。研究工作可以按照方法分为三类：一类是对金属和介质薄层的排列顺序和厚度进行调整优化；一类是设计不同等效折射率的微纳结构；最后一类是对不同电介质膜层进行金属纳米微粒或介质粒子掺杂。

近些年，为了提高 SPR 波导的传感灵敏度和极限分辨率，研究者对 SPR 传感新机理和传感新结构等的研究十分活跃。Byun 和 Chien 等将 Au 纳米粒子和 SiO_2 纳米粒子混合生长在衬底膜上[24,25]形成金属介质的混合膜层，显著提高了传感灵敏度和分辨率。捷克科学家 Homola 采用把薄玻璃光管作为光学耦合元件的方案[26]，只需长度为几毫米的光管就能测量 500～1000nm 的波长范围，他给出了 SPR 的最佳测定条件，较大的长宽比使数据的分析处理过程大为简化。Sepúlveda 和 Calle 等利用磁光效应增强了入射光能量的耦合[27]，通过在波导表面加入磁性材料层，研究了磁光表面等离子体共振(magneto-optical surface plasmon resonance，MOSPR)的传感原理。Kochergin 则利用调节 SPR 的相位变化来提高测量灵敏度[28]，通过研究边缘处的相干模型，设计出分辨率可达 5×10^{-7} RIU 的 SPR 传感器。

　　不仅是在实验室，商业 SPR 传感仪器也开始走向市场。国外厂商在 SPR 传感器产品方面已经做得相当成熟，多家企业已经生产出各种 SPR 商用仪器。1990年，瑞典的 Biacore AB 公司率先将 SPR 传感技术推向市场，经过近三十年的发展，Biacore AB 占有极大份额的市场。它们的产品在生命科学研究、食品安全及药物研发领域都十分有价值，能够检测的范围小到分子，大到完整细胞。例如，它们生产的 Biacore T100 型号生物大分子 SPR 传感器，以近红外 LED 为光源，可测量角度范围为 50°，可测量折射率范围为 1.33～1.39，检测分辨率能够达到 10^{-5} RIU。当然，该产品也具有局限性，角度调制的方式使其能够检测的折射率范围较小。美国德州仪器(Texas Instruments)公司则主营小型化、便携式检测仪，他们将微流体通道刻蚀在传感芯片上，从而使检测仪的体积大幅缩小，操作更简单、价格更便宜。国内对 SPR 生物检测仪的研发则相对落后，仍处于起步阶段，但也有不少研究机构如中国科学院、清华大学、浙江大学和天津大学等在 SPR 传感器及其应用研究上取得了一定成果，但离真正的商业市场化还有一段距离。

　　总的来讲，虽然 SPR 传感技术具有很多优点，但还存在一定的局限和问题。相信随着科技的进步、工艺的提升及集成光学器件的发展，在广大学者的努力下，SPR 技术的理论及其实践能够得以进一步提升。

1.2.4　SPR 波导传感技术的研究意义

　　现代化社会，信息技术日新月异、高速发展，对各种信号检测的要求逐渐提高，传统传感技术出现一系列难以克服的缺点，因此研发新型传感器件具有积极的现实意义。伴随着器件的高度集成化，采用光信号检测的光学传感技术逐渐兴起，SPR 传感技术就是其中应用最为广泛的一种。SPR 的产生与介质的折射率息息相关，样品折射率的变化将导致 SPR 光学信号也随之改变，所以 SPR 在信号检测技术上发挥着重要作用。SPR 传感技术具有灵敏度高、响应迅速和免标记等诸多独特优势，在各种生物、化学、医药及环保领域都有广泛的应用。进一步增强 SPR 波导的耦合效率并增强其传感性能，在一段时间内仍将是微纳光子学领域的研究热点。

第2章　SPR 波导传感器件设计理论基础

2.1　SPR 的激发方式与色散关系

如图 2-1 所示，构建一个由金属和介质组成的界面，该界面的范围是两个半无限大平面。在 z 轴的正负两个方向分别为两种各向同性的介质，其中 z 轴正方向上 ($z>0$) 是介电常数为 ε_d 的介质，z 轴负方向上 ($z<0$) 是介电常数为 ε_m 的金属。当在金属/介质的界面激发出 SPR 时，SPW 将沿 z 轴传播，并且在 x 轴方向呈现指数形式的衰减。

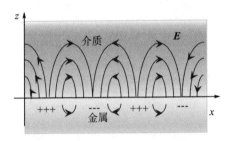

图 2-1　坐标系中金属与界面处的 SPR

根据麦克斯韦方程组：

$$\begin{cases} \nabla \times \boldsymbol{H} = \boldsymbol{J} + \dfrac{\partial \boldsymbol{D}}{\partial t} \\[2mm] \nabla \times \boldsymbol{E} = -\dfrac{\partial \boldsymbol{B}}{\partial t} \\[2mm] \nabla \cdot \boldsymbol{B} = 0 \\[2mm] \nabla \cdot \boldsymbol{D} = \rho \end{cases} \tag{2-1}$$

$$\begin{cases} \boldsymbol{D} = \varepsilon \boldsymbol{E} \\[2mm] \boldsymbol{B} = \mu \boldsymbol{H} \end{cases} \tag{2-2}$$

由于自由空间不存在电荷和电流，因此可以将式 (2-1) 和式 (2-2) 中的磁场消去，得

$$\nabla \times (\nabla \times \boldsymbol{E}) + \mu_0 \varepsilon \frac{\partial^2 \boldsymbol{E}}{\partial t^2} = 0 \tag{2-3}$$

由于 SPW 的传播特性满足 $E_y = 0$，所以 SPR 的电场分布可以表示成：

$$\boldsymbol{E} = \boldsymbol{E}_0^{\pm} \exp[\mathrm{i}(k_x x \pm k_z Z - \omega t)], \quad x > 0 \tag{2-4}$$

式中，$\boldsymbol{E}_0$ 取正号和负号分别为 $z>0$ 的介质平面和 $z<0$ 的金属平面。在沿 x 轴方向和 z 轴方向，波矢 k 可以用复数来表示。同时，由于界面的上下两边是不同的介质，下标 d 和 m 分别代表介质和金属，以 TM 波分析电场分布将分别写成：

$$\boldsymbol{E}_{\mathrm{d}} = (E_{x\mathrm{d}}, 0, E_{z\mathrm{d}}) \exp[\mathrm{i}(k_{x\mathrm{d}}x - k_{z\mathrm{d}}Z - \omega t)], \quad z > 0 \tag{2-5}$$

$$\boldsymbol{E}_{\mathrm{m}} = (E_{x\mathrm{m}}, 0, E_{z\mathrm{m}}) \exp[\mathrm{i}(k_{x\mathrm{m}}x - k_{z\mathrm{m}}Z - \omega t)], \quad z < 0 \tag{2-6}$$

同样，磁场的表达式可以写成：

$$\boldsymbol{H}_{\mathrm{d}} = (0, H_{y\mathrm{d}}, 0) \exp[\mathrm{i}(k_{x\mathrm{d}}x + k_{z\mathrm{d}} - \omega t)], \quad z > 0 \tag{2-7}$$

$$\boldsymbol{H}_{\mathrm{m}} = (0, H_{y\mathrm{m}}, 0) \exp[\mathrm{i}(k_{x\mathrm{m}}x + k_{z\mathrm{m}} - \omega t)], \quad z < 0 \tag{2-8}$$

由于边界条件满足：

$$\varepsilon_{\mathrm{d}} E_{z\mathrm{d}} = \varepsilon_{\mathrm{m}} E_{z\mathrm{m}} \tag{2-9}$$

由于 $k_x = k_{x\mathrm{m}} = k_{x\mathrm{d}}$，将式(2-5)～式(2-8)代入麦克斯韦方程式(2-2)中，再结合上式，可得

$$\frac{k_{z\mathrm{d}}}{k_{z\mathrm{m}}} = -\frac{\varepsilon_{\mathrm{d}}}{\varepsilon_{\mathrm{m}}} \tag{2-10}$$

由式(2-10)不难看出，能够激发和传播 SPW 的必要条件是光波入射到两种介电常数为一正一负的介质的分界面[29]。在自然界中，大多数介质材料的介电常数都是正数，介电常数是负数的介质材料很少，只有 Au、Ag 等贵金属符合介电常数为负(虚部相对实部非常小)。因此，前面提到的金属和介质的分界面就满足这一条件。此时的波矢满足：

$$\frac{k_{z\mathrm{d}}}{k_{z\mathrm{m}}} k_x^2 + k_{z\mathrm{d}}^2 = \varepsilon_{\mathrm{d}} \frac{\omega^2}{c^2} \tag{2-11}$$

$$k_x^2 + k_{z\mathrm{m}}^2 = \varepsilon_{\mathrm{m}} \frac{\omega^2}{c^2} \tag{2-12}$$

将式(2-10)代入以上两式中，可以对 k_x、$k_{z\mathrm{m}}$ 和 $k_{z\mathrm{d}}$ 分别化简得

$$k_x = \frac{\omega}{c} \sqrt{\frac{\varepsilon_m(\varepsilon_{\mathrm{d}} - \varepsilon_{\mathrm{m}})}{\varepsilon_{\mathrm{d}} + \varepsilon_{\mathrm{m}}}} \tag{2-13}$$

$$k_{z\mathrm{d}} = \frac{\omega}{c} \sqrt{\frac{2\varepsilon_{\mathrm{d}}^2}{\varepsilon_{\mathrm{d}} + \varepsilon_{\mathrm{m}}}} \tag{2-14}$$

$$k_{z\mathrm{m}} = \frac{\omega}{c} \sqrt{\frac{2\varepsilon_{\mathrm{m}}^2}{\varepsilon_{\mathrm{d}} + \varepsilon_{\mathrm{m}}}} \tag{2-15}$$

可以看出，$k_{z\mathrm{m}}$ 和 $k_{z\mathrm{d}}$ 都是虚数，所以 SPW 在金属和介质中都会在 z 方向上有衰减。

当 p 偏振的入射光入射到介质和金属构成的界面时，会在界面处激发 SPW，如果入射光的波矢沿界面方向(x 方向)分量与 SPW 的波矢沿界面方向分量的大小相等，就会激发 SPR。因此，定义 SPR 的激发波长为入射光波矢和 SPW 波矢的实部相等时的入射波长，即

$$\lambda_{\mathrm{SPR}} = \lambda_0 \sqrt{\frac{\varepsilon_{\mathrm{d}} + \varepsilon_{\mathrm{mr}}}{\varepsilon_{\mathrm{d}} \varepsilon_{\mathrm{mr}}}} \tag{2-16}$$

2.2 仿 真 方 法

2.2.1 转移矩阵法

本书在研究表面等离子体波导的传感特性时，所设计的 SPR 传感波导器件使用了各向异性材料，而在计算含有各向异性材料的多层薄膜结构的光学性质时，转移矩阵法具有计算方便的特点。因此，本书采用转移矩阵法进行仿真来计算 SPR 波导的结构。

首先，介绍转移矩阵的一般形式。转移矩阵法常用来计算光在多层薄膜介质的传播，它能够方便地计算出多层薄膜介质中光的反射系数和透射系数。假设入射到多层薄膜介质中的单色平面波在各层薄膜结构中都可以分为 p 偏振光和 s 偏振光，那么模的场分布可以写成：

$$A_m = \begin{bmatrix} E_{\mathrm{s}}^{\mathrm{f}} \\ E_{\mathrm{p}}^{\mathrm{f}} \\ E_{\mathrm{s}}^{\mathrm{r}} \\ E_{\mathrm{p}}^{\mathrm{r}} \end{bmatrix}_m \tag{2-17}$$

式中，A_m 为第 m 层介质底部的模，其中，f 代表透射，r 代表反射。根据麦克斯韦方程组的边界条件，可以构造一个边界矩阵 D_m 来表示单色平面波在多层介质的传播情况，即

$$A_m \begin{bmatrix} E_x \\ E_y \\ H_x \\ H_y \end{bmatrix}_m = D_m \begin{bmatrix} E_{\mathrm{s}}^{\mathrm{f}} \\ E_{\mathrm{p}}^{\mathrm{f}} \\ E_{\mathrm{s}}^{\mathrm{r}} \\ E_{\mathrm{p}}^{\mathrm{r}} \end{bmatrix}_m \tag{2-18}$$

通过上式可以建立介质界面两侧横向电场的相互关联。定义介质的传输矩阵 P，该矩阵用于表示这一层介质层分界面两边的关系，同时介质表面的场强可以写成 $P_m A_m$。将其推广至各层介质，则总体的场分布都可以通过矩阵 A 和矩阵 D 来表示，即

$$D_\mathrm{i} A_\mathrm{i} = \prod_{m=1}^{N} (D_m P_m D_m^{(-1)}) D_\mathrm{f} A_\mathrm{f} \tag{2-19}$$

该公式也可以通过定义转移矩阵 T 来描述:

$$T = D_\mathrm{i}^{(-1)} \prod_{m=1}^{N} (D_m P_m D_m^{(-1)}) D_\mathrm{f} = \begin{bmatrix} G & H \\ I & J \end{bmatrix} \tag{2-20}$$

$$G^{-1} = \begin{bmatrix} t_\mathrm{ss} & t_\mathrm{sp} \\ t_\mathrm{ps} & t_\mathrm{pp} \end{bmatrix} \tag{2-21}$$

$$IG^{-1} = \begin{bmatrix} r_\mathrm{ss} & r_\mathrm{sp} \\ r_\mathrm{ps} & r_\mathrm{pp} \end{bmatrix} \tag{2-22}$$

通过上式中的子矩阵 G 和 I,可以求出相对于入射光束的反射系数和透射系数。

在计算含有各向异性材料的多层薄膜结构时,可以将转移矩阵法的一般形式改写成 4×4 转移矩阵法的形式。假设介质中的第 n 层为各向异性材料,考虑到磁光效应的线性化,则任意方向磁化的磁性介质的介电常数张量可表示为

$$\boldsymbol{\varepsilon}^{(n)} = \begin{bmatrix} \varepsilon_0^{(n)} & i\varepsilon_1^{(n)} \cos\theta_M^{(n)} & i\varepsilon_1^{(n)} \sin\theta_M^{(n)} \sin\phi_M^{(n)} \\ -i\varepsilon_1^{(n)} \cos\theta_M^{(n)} & \varepsilon_0^{(n)} & i\varepsilon_1^{(n)} \sin\theta_M^{(n)} \cos\phi_M^{(n)} \\ i\varepsilon_1^{(n)} \sin\theta_M^{(n)} \sin\phi_M^{(n)} & -i\varepsilon_1^{(n)} \sin\theta_M^{(n)} \cos\phi_M^{(n)} & \varepsilon_0^{(n)} \end{bmatrix} \tag{2-23}$$

式中,ε_0 为该材料主对角元的介电常数;ε_1 为该材料非对角元的介电常数。在极球面坐标系中,θ_M 和 ϕ_M 的角度决定了外加磁场 M 的方向,如图 2-2 所示。

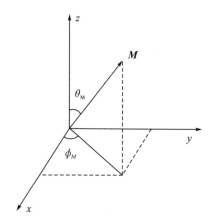

图 2-2　磁化矢量方向示意图

这里,认为相对磁导率 μ =1。动态矩阵 D 可以改写成:

$$\begin{aligned} D_{1j}^{(n)} = &-i\varepsilon_1^{(n)} N_{z0}^{(n)2} \cos\theta_M^{(n)} - i\varepsilon N_y N_{zj}^{(n)} \sin\theta_M^{(n)} \sin\phi_M^{(n)} \\ &-\varepsilon_1^{(n)2} \sin^2\theta_M^{(n)} \cos\phi_M^{(n)} \sin\phi_M^{(n)} \end{aligned} \tag{2-24}$$

$$\boldsymbol{D}_{2j}^{(n)} = N_{zj}^{(n)} D_{1j}^{(n)} \tag{2-25}$$

$$\boldsymbol{D}_{3j}^{(n)} = N_{z0}^{(n)2}(N_{z0}^{(n)2} - N_{zj}^{(n)2}) - \varepsilon_1^{(n)2} \sin^2\theta_M^{(n)} \sin^2\phi_M^{(n)} \tag{2-26}$$

$$\boldsymbol{D}_{4j}^{(n)} = -(\varepsilon_0^{(n)} N_{zj}^{(n)} - i\varepsilon_1^{(n)} N_y \sin\theta_M^{(n)} \cos\phi_M^{(n)})(N_{z0}^{(n)2} - N_{zj}^{(n)2})$$
$$+ \varepsilon_1^{(n)2} \sin\theta_M^{(n)} \sin\phi_M^{(n)} (N_{zj}^{(n)} \sin\theta_M^{(n)} \sin\phi_M^{(n)} - N_y \cos\phi_M^{(n)}) \tag{2-27}$$

特别地，当光在各向同性层传播时，矩阵 $\boldsymbol{D}$ 可简化为

$$\boldsymbol{D}^{(n)} = \begin{bmatrix} 1 & 1 & 0 & 0 \\ N_{z0} & -N_{z0} & 0 & 0 \\ 0 & 0 & \dfrac{N_{z0}}{N} & \dfrac{N_{z0}}{N} \\ 0 & 0 & -N & N \end{bmatrix} \tag{2-28}$$

传输矩阵 $\boldsymbol{P}$ 可以写成：

$$\boldsymbol{P}^{(n)} = \begin{bmatrix} \exp\left(i\dfrac{\omega}{c}N_{z1}^{(n)}d^{(n)}\right) & 0 & 0 & 0 \\ 0 & \exp\left(i\dfrac{\omega}{c}N_{z2}^{(n)}d^{(n)}\right) & 0 & 0 \\ 0 & 0 & \exp\left(i\dfrac{\omega}{c}N_{z3}^{(n)}d^{(n)}\right) & 0 \\ 0 & 0 & 0 & \exp\left(i\dfrac{\omega}{c}N_{z4}^{(n)}d^{(n)}\right) \end{bmatrix} \tag{2-29}$$

式中，$d^{(n)}$ 为第 n 层介质材料的厚度。通过琼斯反射矩阵，可以得到反射光 s 偏振和 p 偏振时的电场振幅关系如下：

$$\begin{bmatrix} E_{0s}^{(r)} \\ E_{0p}^{(r)} \end{bmatrix} = \begin{bmatrix} r_{ss} & r_{sp} \\ r_{ps} & r_{pp} \end{bmatrix} \begin{bmatrix} E_{0s}^{(i)} \\ E_{0p}^{(i)} \end{bmatrix} \tag{2-30}$$

对琼斯反射矩阵的各项进行求解，经计算可得反射系数 r_{ss}、r_{ps}、r_{sp} 和 r_{pp}，即

$$r_{ss} = \left[\frac{E_{0s}^{(r)}}{E_{0s}^{(i)}}\right]_{E_{0p}^{(i)}=0} = \frac{M_{21}M_{33} - M_{23}M_{31}}{M_{11}M_{33} - M_{13}M_{31}} \tag{2-31}$$

$$r_{ps} = \left[\frac{E_{0p}^{(r)}}{E_{0s}^{(i)}}\right]_{E_{0p}^{(i)}=0} = \frac{M_{41}M_{33} - M_{43}M_{31}}{M_{11}M_{33} - M_{13}M_{31}} \tag{2-32}$$

$$r_{sp} = \left[\frac{E_{0s}^{(r)}}{E_{0s}^{(i)}}\right]_{E_{0p}^{(i)}=0} = \frac{M_{11}M_{23} - M_{21}M_{13}}{M_{11}M_{33} - M_{13}M_{31}} \tag{2-33}$$

$$r_{pp} = \left[\frac{E_{0p}^{(r)}}{E_{0p}^{(i)}}\right]_{E_{0s}^{(i)}=0} = \frac{M_{11}M_{43} - M_{13}M_{41}}{M_{11}M_{33} - M_{13}M_{31}} \tag{2-34}$$

同理，可得透射系数 t_{ss}、t_{ps}、t_{sp} 和 t_{pp}，即

$$t_{ss} = \left[\frac{E_{0s}^{(r)}}{E_{0s}^{(i)}}\right]_{E_{0p}^{(i)}=0} = \frac{M_{33}}{M_{11}M_{33} - M_{13}M_{31}} \tag{2-35}$$

$$t_{ps} = \left[\frac{E_{0p}^{(r)}}{E_{0s}^{(i)}}\right]_{E_{0p}^{(i)}=0} = \frac{-M_{31}}{M_{11}M_{33} - M_{13}M_{31}} \tag{2-36}$$

$$t_{sp} = \left[\frac{E_{0s}^{(r)}}{E_{0s}^{(i)}}\right]_{E_{0p}^{(i)}=0} = \frac{-M_{13}}{M_{11}M_{33} - M_{13}M_{31}} \tag{2-37}$$

$$t_{pp} = \left[\frac{E_{0p}^{(r)}}{E_{0p}^{(i)}}\right]_{E_{0s}^{(i)}=0} = \frac{M_{11}}{M_{11}M_{33} - M_{13}M_{31}} \tag{2-38}$$

最后，可以通过反射系数和透射系数求得反射率和透射率。

2.2.2　有限元法

在物理学中，通常用偏微分方程来描述一些实际问题。但是对于大多数模型，这些偏微分方程的解析解都是难以求出的。然而，我们可以构造出特定的近似方程，得出与需要解决的偏微分方程相近似的数值模型方程，然后再通过数值方法进行求解。在电磁场问题的求解中，20 世纪 60~70 年代引入了一种计算近似解的数值计算方法——有限元法(finite element method，FEM)。该方法借助计算机高效率的计算能力，将复杂问题简单化，对计算结果加以分析，从而解决复杂的原问题[30]。

有限元法的求解步骤较为复杂，以下是主要步骤。

1. 建立支配方程

在电磁学中，三维麦克斯韦方程可被认为是三维支配方程。但是通常来说，为了便于建模和求解，一般采用由麦克斯韦方程推导出的亥姆霍兹方程作为支配方程。通常只考虑两个旋度方程，忽略两个散度方程，此时支配方程可写作：

$$\nabla \times \left(\frac{1}{\mu_r}\nabla \times \boldsymbol{E}\right) - \omega^2 \varepsilon_r \boldsymbol{E} = 0 \tag{2-39}$$

式中，μ_r 为相对磁导率；ε_r 为相对介电常数。

2. 结构离散化

在使用有限元法分析时，结构离散化是最重要的一步。可以把求解域近似成大小和形状都不相同却彼此相连的若干单元。举例来讲，可以将某个偏微分方程中的因变量 μ 近似成线性组合函数 μ_h，即

$$\mu \approx \mu_h \tag{2-40}$$

同时,

$$\mu_h = \sum_i \mu_i \psi_i \tag{2-41}$$

式中, μ_i 为近似的系数; ψ_i 为近似的基函数。如图 2-3 所示,基函数在其节点处等于 1,在其他节点处等于 0,所以可将函数 μ 在 x 轴上进行划分。

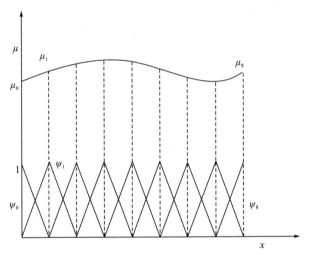

图 2-3　均匀分布的线性基函数组合

有限元法的优势在于为离散度的选择提供了很大的自由。图 2-3 中的单元是在 x 轴上均匀分布的,但这种情况并不会经常出现。在函数 μ 斜率较大的区间,可以选取较小的单元,如图 2-4 所示。

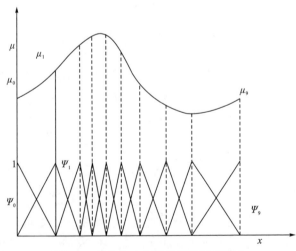

图 2-4　非均匀分布的线性基函数组合

　　显然在网格越细的情况下，离散域越接近原函数，计算越精确，但是计算量也相应增大。对于平面的二维问题，常选用三角形作为离散单元。而对于空间的三维问题，常选用四面体和六面体作为离散单元。

　　3. 建立并求解矩阵方程

　　在对单元构造出适合的近似解后，可以给出单元各变量的某种离散关系，以便构造单元矩阵。然后，将这些单元组合进行联立，就可以构成离散域的总矩阵方程 $Ax=b$，该过程的取值位于相邻单元的节点处。将有限元方程组联立后，可用直接法、随机法、分解法及迭代法等方法进行求解。对有限元矩阵，分解法较为简便，可将其分解为下三角矩阵 L 和上三角矩阵 U 的乘积形式，即

$$A = LU \tag{2-42}$$

其中，

$$Ly=b \tag{2-43}$$

$$Ux=y \tag{2-44}$$

通过对 y 和 x 的替代，求解矩阵方程：

$$y_1 = \frac{b_1}{l_{11}}, \quad y_i = \frac{1}{l_{ii}}\left(b_i - \sum_{k=1}^{i-1} l_{ik} y_k\right), \quad i > 1 \tag{2-45}$$

$$x_n = \frac{y_n}{\mu_{nn}}, \quad x_i = \frac{1}{\mu_{nn}}\left(y_i - \sum_{k=i+1}^{n} u_{ik} x_k\right), \quad i < n \tag{2-46}$$

　　在求解过程中，可以先剖分较粗的单元，看计算结果是否满足要求，如果不满足要求，再进一步细化剖分进行求解，直到满足要求。

　　4. 设置边界条件

　　在研究的问题中，将垂直入射光方向的边界条件设置成完美匹配层 (perfect matching layer,PML)。该层介质的波阻抗能够与相邻介质完全匹配，入射波将被完全吸收且不发生反射。将平行于入射光方向的边界条件设置成连续性周期边界条件 (continuous periodic boundary condition,CPBC)，在选取这种周期边界条件时，复杂结构可以被简化成周期单元，从而降低运算量。

2.3　灵敏度分析

　　灵敏度是传感器的一个重要特征参数，也是传感器的一个关键技术指标。在科学技术迅速发展的现代社会，对传感器灵敏度的要求也随之提高。下面将分析在 SPR 传感中常见的灵敏度，并对其优缺点进行评估。

1. 角度调制法

该方法是利用 ATR 吸收峰的位置变化来测量待测溶液样品的某些性质。这时的灵敏度可以定义成：

$$s = \frac{\partial}{\partial y}\left(\frac{\partial R}{\partial \theta}\right) = \left(\frac{\partial^2 R}{\partial \theta^2}\right)_{\theta=\theta_r} \times \left(\frac{\partial \theta}{\partial y}\right) \tag{2-47}$$

式中，θ_r 为入射角的大小；y 为传感样品的某些物理性质，如折射率、浓度或厚度。在灵敏度的表达式中，灵敏度可以写成两项的乘积形式，前一项是反射率在共振角处对入射角求得的二阶导数，它反映了反射率曲线的形状；后一项体现了传感器的传感效率，它表示共振角随传感样品参数在介质中的变化率。这种调制方法是对曲线的整体变化进行检测，当反射率曲线较为平坦，即曲线的半高全宽较大时，传感灵敏度较小。

2. 强度调制法

选取 ATR 吸收峰斜率较大的位置，即反射率曲线增大或减小位置附近。当传感样品的物理性质发生变化时，接收到的反射光强也随之改变。这时的灵敏度可以定义成：

$$s = \frac{\partial R}{\partial y} = \left(\frac{\partial R}{\partial \theta}\right)_{\theta=\theta_s} \times \left(\frac{\partial \theta}{\partial y}\right) \tag{2-48}$$

式中，θ_s 为初始工作角。同样地，灵敏度可以写成两项的乘积形式，前一项是曲线在该处的斜率，后一项体现了传感器的传感效率。在选用这种检测方式时，将工作角固定在斜率大的地方，这时只需要细微的变化就能检测到光强改变，因此传感灵敏度较大。

2.4 本 章 小 结

本章首先介绍了 SPW 产生的基本原理和基本条件，研究了激发 SPR 的机理。随后，介绍了一般形式的转移矩阵法，推导了光在各向异性介质中的反射和透射变换矩阵，并计算了此时的反射系数和透射系数。同时，介绍了有限元法的基本思维。最后，分析了 SPR 波导传感中常见的灵敏度，并评估其优缺点。在后续对 SPR 波导的传感研究中将应用这些原理和方法。

第3章 光自旋霍尔效应

3.1 光自旋霍尔效应的研究背景及意义

光自旋霍尔效应(spin Hall effect of light，SHEL)就是光子的自旋霍尔效应，这一名称是类比电子霍尔效应的表述方式得来的。1879 年，美国物理学家霍尔在通电导体两侧施加磁场时意外发现，在垂直于磁场和电流的方向存在着一种神秘力量，该力量使载流子在导体内通过磁场时产生了一种附加电场。这个以霍尔名字命名的新奇现象很快便引起了研究者的强烈关注。在这之后，整数量子霍尔效应和分数量子霍尔效应相继被发现。这些发现是凝聚态物理学最重要的成果，揭示了全新的量子形态，并为其发现者赢得了物理学界的至高荣誉——诺贝尔物理学奖。除整体的三维运动外，电子还具有一种内禀运动——自旋。这种在外加电场下会令自旋向上和自旋向下的电子分道扬镳、相互背离的现象，不仅为电子增加了一种新的自由度，也让人们开始思考：同时具有波粒二象性及自旋特性的光子是否也像电子这一基本粒子一样，存在光子的霍尔效应呢？

事实毋庸置疑：当一束线偏振光在介质表面发生反射或折射时，自旋相反的光子将(左旋和右旋)沿折射率梯度方向各自背离，发生横向漂移，从而导致光束分裂成左旋和右旋圆偏振光并形成分居于入射面两侧的光斑，这一现象即为 SHEL。类似于电子的自旋霍尔效应，具有自旋特性且可细分为左旋和右旋的光子可类比于自旋向上和自旋向下的电子，不同介质间存在的折射率梯度可类比于外加磁场施加的磁场梯度。产生这一现象的本质原因是光子的自旋-轨道角动量的相互补偿。

近年来，SHEL 在许多热门领域都得到了广泛的研究和应用，如拓扑结构[31,32]、半导体[32-35]、几何光学[36,37]、太赫兹[38,39]和超表面[40-43]等。但这些进展多限于理论研究或实验观测，其实际应用一直缺乏研究者的足够重视。事实上，SHEL 对介质参数的变化十分敏感，无论是介质厚度、折射率还是入射角度的变化都会引起 SHEL 的巨大改变。凭借这一优良特性，完全可以制成基于 SHEL 的传感器，对上述参数进行高精度测量或传感。

另外，对于 SHEL 的有效探测一直是困扰研究者的一大难题。直到 1988 年，以色列学者 Aharonov 及其同事提出弱测量理论[44]，才让世人再次看到了探测 SHEL 的曙光。弱测量是指当引入的前选择态与后选择态接近正交时，被观测量会发生放大甚至超过本征值的放大。利用弱测量理论人们成功实现了对古斯-汉森(GH)位移[45-47]、精密相位[48,49]、光子偏振[50-52]等小尺寸高精度物理量的测量,当然也包括 SHEL[53-55]。

本章的主要工作在于:基于磁场调控,通过 SPR 和弱测量实现对 SHEL 的放大和增强,并最终应用于高灵敏度液体折射率传感。

下面,将对 SHEL 的研究进展及其应用情况做简要介绍。

3.2 光自旋霍尔效应的研究进展

3.2.1 光自旋霍尔效应的简介

传统几何光学认为,当一束光从介质表面反射时,入射光与反射光位于同一平面(入射面)内且与介质表面的夹角相等,且入射点与反射点为同一位置。直到1955 年,Fedorov 对此质疑,他认为当一束圆偏振光在介质表面反射时,反射光会发生垂直于入射面的偏移,这一预测现象由 Imbert 于 1972 年通过实验证明并命名为 Imbert-Fedorov(IF)效应[56]。事实上,光在实际发生反射时,会产生四种不同于几何光学预测的反射光,如图 3-1 所示。这四种非镜面反射现象分别称为:①反射光方向不变,位置在入射面内平移的 GH 位移[57];②反射点不变,反射角变化的 GH 角位移[58];③反射光方向不变,位置在垂直于入射面方向平移的 IF 位移[59,60],也就是 SHEL;④反射点不变,反射角在垂直于入射面方向偏转的 IF 角位移[58]。

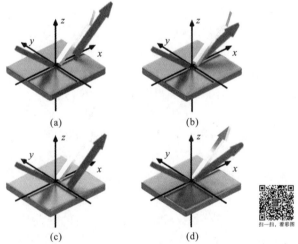

图 3-1 四种非镜面反射现象:(a)GH 位移;(b)GH 角位移;(c)IF 位移;(d)IF 角位移

在理论方面，2004 年，日本人 Onoda 利用 Berry 相位理论解释了光子轨道角动量和自旋角动量之间的相互作用：光子的总角动量守恒，并给出了自旋分裂的计算方法[61]。2006 年，乌克兰学者 Bliokh 等发现，SHEL 的产生并不能仅以单个光子角动量守恒为解释依据，而应以光束的总角动量守恒来进行理论分析[62]，该思想为之后的研究奠定了理论基础。现在，我们可以用角谱理论来解释这一现象：事实上，波包形式的入射光可以看作是与传播轴成一定角度的无数个平面波的集合，在反射或折射时均遵守斯涅耳及菲涅尔定律，对于不同角度的平面波，其附加的几何相位自然不同。相位的改变会引起光束偏振面的旋转，也意味着自旋角动量发生改变。为了满足光束总角动量守恒，自旋角动量的改变需要以轨道角动量的改变来弥补，这就导致光子背离几何光学预测的运动方向，宏观上表现为光波能量的重新分布，即 SHEL。

3.2.2　光自旋霍尔效应的研究进展

近年来，SHEL 的研究热度不减，在各个领域都有着令人瞩目的成就。

1. 多层结构中的光自旋霍尔效应

在以往的研究中，SHEL 常发生在空气-介质表面或两种介质之间，结构单一，模型简单，不利于对 SHEL 的深入研究。湖南大学罗海陆课题组深入研究了纳米级多层结构中的 SHEL[63]，并建立了描述光场自旋分裂的传播模型。这一成果对利用多层微纳结构实现对 SHEL 的调控奠定了理论基础。

2. 超表面中的光自旋霍尔效应

中国科学院外籍院士张翔在《科学》杂志上发表了利用超表面增强 SHEL 的重大突破[40]。由于光子的自旋与轨道角动量的相互作用极其微弱，所以通常难以直接探测 SHEL。利用超表面实现光子相位的快速变化可以实现对 SHEL 的增强和调控，这为 SHEL 提供了新的发展方向。

3. 光自旋霍尔效应用于测量

如何将 SHEL 这一热门技术落地，研究者在努力做出各种尝试。四川大学张志友课题组及湖南大学文双春课题组利用 SHEL 结合弱测量方法实现了对分子手性[64]、石墨烯介电常数[65]、化学反应速率[66]、金属厚度及磁光系数[67,68]的测量。这些成功的尝试令 SHEL 从科学理论逐步走向了实践应用。

4. 光自旋霍尔效应的传感应用

SHEL 作为一种光与物质间相互作用的物理现象，对传播介质折射率的变化异常敏感,这就为基于 SHEL 的传感器设计指明了方向。2017 年,谢林果基于 SHEL 及弱测量系统实现了对亚氯酸钠溶液折射率变化的响应[69]。2018 年,Sheng 从理论上指出,可以通过减小面内波矢量的方式来增强 SHEL 传感器的灵敏度[70]。同年,周新星从理论上研究了基于光子晶体结构的 SHEL 折射率传感器,利用 SPR 的增强作用和弱测量系统实现了对生物分子浓度的高灵敏度测量[71]。但这些工作多停留于理论推导,缺乏实验现象和数据的有力支撑。作为一种应用于传感器及高精度测量的微弱光学现象,能否将其应用于各种复杂的实验条件,能否实现高灵敏度的折射率传感,这些问题仍亟待我们继续探索。

3.3　磁光光自旋霍尔效应的检测方法

3.3.1　光自旋霍尔效应的弱测量放大装置

2008 年,Hosten 在《科学》杂志上发表了题为"Observation of the spin Hall effect of light via weak measurements"的文章,首次提出了 SHEL 的弱测量探测装置及实验方法[72],如图 3-2 所示。光源是工作波长为 632.8nm 的氦氖激光器,可输出高偏振比的线偏振光。半波片(half-wave plate,HWP)令 o 光和 e 光之间产生 π 的相位延迟,实际作用效果为旋转偏振面。为了获得适合大小的入射束腰半径,实现更好的放大效果,第一个透镜(L_1, f=25mm)将对平行光束聚焦。格兰偏振镜(P_1)对收束后的激光进行前选择,输出水平偏振态的光束,然后在空气-棱镜界面发生最初的自旋分裂,并入射到第二个偏振镜(P_2)。通过主光轴竖直的 P_2 的光发生相消干涉,使最初微弱的自旋分裂得到了显著放大。第二个透镜(L_2, f=25mm)将发散的光束准直,最终经过弱测量放大后的自旋分裂光斑被位置灵敏传感器 PS 接收识别。

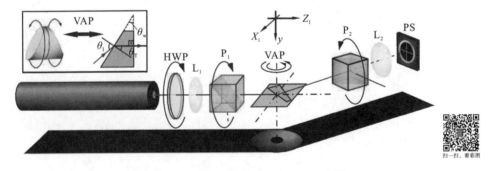

图 3-2　SHEL 的弱测量探测光路图[57]

3.3.2　光自旋霍尔效应的弱测量放大原理

　　弱测量的"弱"是相对于通常的测量系统而言的,它要求测量的物理现象与测量系统之间处于极弱的耦合程度,在现有测量方法的基础上加入前选择与后选择所形成的一种新的测量体系。Aharonov 等于 1988 年首先在顶级期刊《物理评论快报》上提出了这一全新的概念,当前选择态与后选择态接近正交时,被观测量可以实现甚至远超于本征值的有效放大[44]。对于被观测系统中的被观测量 $\hat{A}$,在弱测量系统中给出了一个新的表述:弱值 A_w,也就是常说的放大倍率:

$$A_w = \frac{\langle \psi_f | \hat{A} | \psi_i \rangle}{\langle \psi_f | \psi_i \rangle} \tag{3-1}$$

式中,ψ_i 和 ψ_f 分别为前、后选择态。显然,当 ψ_i 和 ψ_f 接近正交时,被观测量会被显著放大。利用这一新技术对极弱物理量进行探测,需经过三个主要步骤:首先,对被观测量进行合适的前选择;其次,让被观测量与探测系统发生弱耦合;最后,利用后选择使被观测量发生相消干涉,实现对被观测量的放大。以光学系统为例,当一束水平偏振光入射到格兰激光偏振镜时,其出射光的偏振态为

$$\psi_i = |H\rangle = \frac{1}{\sqrt{2}}(|+\rangle + |-\rangle) \tag{3-2}$$

然后在棱镜表面反射并发生 SHEL,这一自旋相关分裂的大小记作 δ,可看作是被观测量 $\hat{A}$ 与观测系统之间产生的弱耦合参数。观测量与测量系统之间的相互作用可以用哈密顿量表示为

$$H = \alpha \hat{A} \delta \tag{3-3}$$

式中,α 为这一弱耦合过程的耦合速率。光波在通过偏振态与前选择 P_1 接近正交的偏振镜 P_2 时发生后选择,此时的偏振态可表示为

$$\psi_f = |V \pm \Delta\rangle = -i\exp(mi\Delta)|+\rangle + i\exp(\pm i\Delta)|-\rangle \tag{3-4}$$

式中,Δ 为两个偏振镜相对于正交位置错开的夹角,即放大角。综上所述,弱值可写成虚数形式

$$A_w = mi\cot\Delta \approx m\frac{i}{\Delta} \tag{3-5}$$

　　除此之外,还存在一种名为传播放大的放大机理,由于聚焦透镜和准直透镜的存在,光束沿光路传播时其束腰半径会经历一个由大到小,再由小到大的过程。在从棱镜表面反射并发生自旋分裂之后,其光束直径逐渐变大,若两透镜共焦,则光束直径在经过透镜 L_2 后保持准直。这使其传输放大倍率随传输距离而发生变化。传输放大倍率可表示为

$$F = \frac{4\pi \left\langle y_{L_2}^2 \right\rangle}{Z_{L_2} \lambda} \tag{3-6}$$

式中，$\left\langle y_{L_2}^2 \right\rangle$ 为经过 L_2 后光束在 y 方向的分布情况；Z_{L_2} 为 L_2 的有效焦距；λ 为光波波长。考虑传输放大后的实际弱值更正为

$$A_{\mathrm{w}} = mF \left| A_{\mathrm{w}} \right| = mF \cot \Delta \approx m\frac{F}{\Delta} \tag{3-7}$$

第4章 磁光光自旋霍尔效应的理论和实验研究方法

4.1 磁光光自旋霍尔效应简介

磁光效应是指磁场对光子和光介质的相互作用,主要分为法拉第效应、磁光克尔效应(magneto-optic kerr effect,MOKE)、塞曼效应和科顿-穆顿效应[73],其中以前二者的应用更为广泛。

法拉第效应也称法拉第旋光效应。1845 年,著名物理学家法拉第在实验中发现,当一束线偏振光通过置于平行于波矢方向的磁场中的磁光介质后,其透射光的偏振面会产生名为法拉第转角的旋转且旋转角度与磁感应强度和穿过介质长度之积成正比。该效应的另一名称更加简洁地描述了这一物理现象——磁致旋光。此外,旋光的方向只由磁场方向决定,与波矢方向无关,这就意味着这一现象具有不可逆性[74],因此该现象广泛应用于各种光隔离器中。

相对于出现在透射现象中的法拉第效应,MOKE 则发生在磁化介质的反射现象中。反射光线偏振面的转角称为磁光克尔转角。对应于不同的磁化方向,MOKE可分为横向磁光克尔效应(transverse magneto-optic kerr effect,TMOKE)、纵向磁光克尔效应(longitudinal magneto-optic kerr effect,LMOKE)和极向磁光克尔效应(poloidal magneto-optic kerr effect,PMOKE)[75,76]。磁光效应的大小与磁光材料本身的光学性质密不可分,作为外场的磁场实际上改变的是磁光材料介电张量非主对角元的大小。介电张量的改变则会引起反射系数的变化,最终影响 SHEL 的横移,即自旋横移。

磁光光自旋霍尔效应就是利用外加磁场实现对 SHEL 的增强和调控。现阶段,SHEL 的研究主要集中于多层均匀介质结构[77,78]、超表面[79,80]及金属 SPR 结构[81-83]。若要基于以上研究内容来制作 SHEL 器件,则存在着这样一个难题,那就是一旦器件制成,材料的介电常数、介质厚度等结构参数便难以改变。而希望通过改变材料形状、入射角等条件来调控 SHEL 又存在着诸多困难和局限性。因此,通过外加磁场的方式来实现对 SHEL 实时、灵活的调控,应当是行之有效的。

当 SHEL 传感器件中的磁光材料受外加磁场的作用后,其介电常数会发生一定的变化，折射率的变化将使 SHEL 发生巨大变化。因此，研究者孜孜不倦地探索着，希望将 SHEL 及磁光光自旋霍尔效应应用于传感系统中。2018 年，周新星提出了一种基于 SHEL 的生物传感器，该生物传感器为玻璃-金属-石墨烯三层结构，可以实现对相应分子浓度的测定[84]。2019 年，李杰利用弱测量系统，成功测得了磁光薄膜中的 SHEL，这种通过磁场增强和调控的 SHEL 叫作磁光光自旋霍尔效应(magneto-optic spin Hall effect of light，MOSHEL)[85]。这一研究成果对 MOSHEL 的测量具有指导性作用，为 MOSHEL 用于折射率传感器的设计提供了理论支撑和现实基础。

MOSHEL 应用于传感，除具有 SHEL 传感器的诸多优点外，还可以通过调节磁场的方式实现对介质折射率的调控和对传感区间的灵活调整，这对于 MOSHEL 应用于实际测量和传感具有重大意义。同时，磁场调控快速高效，对器件和测试样品不会产生任何损伤，是今后 SHEL 器件发展的有利方向。

对于常见的多层微纳结构中的 SHEL，其研究方法通常是利用转移矩阵法计算出不同偏振光的反射(折射)系数，再利用角谱理论建立入射光场及反射(折射)光场之间的联系，最终得出反射(折射)光的光场分布。MOSHEL 因磁光效应的引入，其反射系数需利用磁光转移矩阵法求出，考虑到原始自旋横移仅为数倍波长大小，所以还需结合弱测量方法将其放大，最终利用角谱理论求得放大后反射(折射)光的自旋横移。

前面利用磁光转移矩阵法计算出磁化的多层结构各偏振态的反射系数，并介绍了有限元法。4.2 节将重点介绍 SHEL 的弱测量放大理论。结合前两节得出的结论，4.3 节利用角谱理论给出 MOSHEL 的计算方法。4.4 节将介绍 MOSHEL 应用于传感的灵敏度表征方法。

4.2 磁光光自旋霍尔效应反射系数的计算方法

4.2.1 磁光转移矩阵法

磁光转移矩阵法是在经典转移矩阵法的基础上引入磁光效应，量化了磁场对整体反射系数的作用效果，是研究 MOSHEL 的基本方法和重要手段。

MOKE 是指当一束线偏振光以一定角度入射到磁性介质表面时，其反射光的偏振面相对于入射光的偏振面会发生被称为克尔转角的旋转。产生这一现象的本质是左旋圆偏振(left circularly polarized，LCP)光和右旋圆偏振(right circularly polarized，RCP)光在磁性介质中存在速率差。入射到磁性介质表面的线偏振光可以看作是 LCP 光和 RCP 光叠加作用的结果。在磁场的作用下，磁性材料的折射率会发生变化，此时左旋和右旋圆偏振光在磁性介质中因传播速率不同将产生相位差，因吸收程度不同将产生振幅差，从而导致反射光由线偏振光变成椭圆偏振光，即实现了偏振面的旋转。根据磁化方向的不同，MOKE 可分为以下三种情况。

LMOKE，磁化方向同时平行于入射面和磁光介质表面，如图 4-1(a)所示。

PMOKE，磁化方向平行于入射面且垂直于磁光介质表面。如图 4-1(b)所示。

TMOKE，磁化方向同时垂直于入射面和磁光介质表面。如图 4-1(c)所示。特别地，由于发生 TMOKE 时，电场与磁化强度矢量积方向不存在垂直于入射面的分量，因此该模式下的反射光无旋光现象。

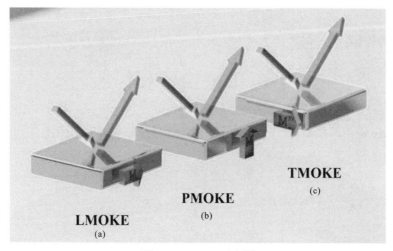

图 4-1　MOKE 示意图

对于这三种不同的 MOKE，可以利用磁光转移矩阵法，计算任意多层光学结构的反射系数和透射系数[86]。磁光转移矩阵法的本质是通过构建各层电介质上下表面间的电场关系，最终实现对系统反射系数和透射系数的求解。

在空间直角坐标系中，任意方向的磁场可表示为如图 4-2(a)所示的方向。本节以 TMOKE 的情况为例进行理论推导，其磁化方向如图 4-2(b)所示。

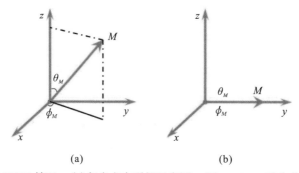

图 4-2　TMOKE 情况：(a)任意方向磁场示意图；(b)TMOKE 磁化方向示意图

假设该光学结构由 N 层介质构成，当光在第 n 层介质中传播时，其平面波的波动方程可写作

$$k^{(n)2}\boldsymbol{E}_0^{(n)} - k^{(n)}(k^{(n)}v^{(n)}\boldsymbol{E}_0^{(n)}) = N^2\varepsilon^{(n)}\boldsymbol{E}_0^{(n)} \qquad (4\text{-}1)$$

式中，$k^{(n)}$ 为第 n 层介质中电场的复波矢；$\boldsymbol{E}_0^{(n)}$ 为电场复振幅；N 为波矢，可表示为真空中角频率 ω 与相速率 v 之比。当磁化方向为任意方向时，介电常数 $\varepsilon^{(n)}$ 可以用一个三阶张量来表示，即

$$\varepsilon^{(n)} = \begin{bmatrix} \varepsilon_0^{(n)} & i\varepsilon_1^{(n)}\cos\theta_M^{(n)} & i\varepsilon_1^{(n)}\sin\theta_M^{(n)}\sin\phi_M^{(n)} \\ -i\varepsilon_1^{(n)}\cos\theta_M^{(n)} & \varepsilon_0^{(n)} & i\varepsilon_1^{(n)}\sin\theta_M^{(n)}\cos\phi_M^{(n)} \\ i\varepsilon_1^{(n)}\sin\theta_M^{(n)}\sin\phi_M^{(n)} & -i\varepsilon_1^{(n)}\sin\theta_M^{(n)}\cos\phi_M^{(n)} & \varepsilon_0^{(n)} \end{bmatrix} \quad (4\text{-}2)$$

在 TMOKE 的情况下，θ_M 和 ϕ_M 均为直角，则式(4-2)可简化为

$$\varepsilon^{(n)} = \begin{bmatrix} \varepsilon_0^{(n)} & 0 & i\varepsilon_1^{(n)} \\ 0 & \varepsilon_0^{(n)} & 0 \\ i\varepsilon_1^{(n)} & 0 & \varepsilon_0^{(n)} \end{bmatrix} \qquad (4\text{-}3)$$

根据电磁场的边界条件，电场强度的切向分量连续，各层介质中的电场存在以下关系，即

$$\boldsymbol{E}_0 \begin{bmatrix} E_{0s}^i \\ E_{0s}^r \\ E_{0p}^i \\ E_{0p}^r \end{bmatrix} = \boldsymbol{Q} \begin{bmatrix} E_{0s}^i \\ E_{0s}^r \\ E_{0p}^i \\ E_{0p}^r \end{bmatrix} = \boldsymbol{Q}\boldsymbol{E}_0' \qquad (4\text{-}4)$$

式中，$\boldsymbol{E}_0$ 和 $\boldsymbol{E}_0'$ 分别为多层介质上表面及下表面空气层的电场；矩阵中电场上标 i 和 r 分别为入射光和反射光；下标 s 和 p 分别为 s 偏振光和 p 偏振光；$\boldsymbol{Q}$ 为联系各层电场的转移矩阵，可表示为

$$\boldsymbol{Q} = \boldsymbol{D}_0 \prod_{n=1}^{N}(\boldsymbol{D}_n \boldsymbol{P}_n \boldsymbol{D}_n^{(-1)})\boldsymbol{D}_0' \qquad (4\text{-}5)$$

式中，矩阵 $\boldsymbol{D}_n$ 和矩阵 $\boldsymbol{P}_n$ 分别为第 n 层介质的边界矩阵和传输矩阵。动态矩阵是一个四阶矩阵，在磁性介质层中，其元素可表示为

$$\begin{aligned} D_{1j}^{(n)} = &-i\varepsilon_1^{(n)}N_{z0}^{(n)2}\cos\theta_M^{(n)} - i\varepsilon N_y N_{zj}^{(n)}\sin\theta_M^{(n)}\sin\phi_M^{(n)} \\ &-\varepsilon_1^{(n)2}\sin^2\theta_M^{(n)}\cos\phi_M^{(n)}\sin\phi_M^{(n)} \end{aligned} \qquad (4\text{-}6)$$

$$\begin{aligned} D_{2j}^{(n)} = &-i\varepsilon_1^{(n)}N_{z0}^{(n)2}N_{zj}^{(n)}\cos\theta_M^{(n)} - i\varepsilon N_y N_{zj}^{(n)}\sin\theta_M^{(n)}\sin\phi_M^{(n)} \\ &-\varepsilon_1^{(n)2}\sin^2\theta_M^{(n)}\cos\phi_M^{(n)}\sin\phi_M^{(n)} \end{aligned} \qquad (4\text{-}7)$$

$$D_{3j}^{(n)} = N_{z0}^{(n)2}(N_{z0}^{(n)2} - N_{zj}^{(n)2}) - \varepsilon_1^{(n)2}\sin^2\theta_M^{(n)}\sin^2\phi_M^{(n)} \qquad (4\text{-}8)$$

$$\begin{aligned} D_{4j}^{(n)} = &-(\varepsilon_0^{(n)}N_{zj}^{(n)} - i\varepsilon_1^{(n)}N_y\sin\theta_M^{(n)}\cos\phi_M^{(n)})(N_{z0}^{(n)2} - N_{zj}^{(n)2}) \\ &+\varepsilon_1^{(n)2}\sin\theta_M^{(n)}\sin\phi_M^{(n)}(N_{zj}^{(n)}\sin\theta_M^{(n)}\sin\phi_M^{(n)} - N_y\cos\phi_M^{(n)}) \end{aligned} \qquad (4\text{-}9)$$

式中，符号 N 及下标 z 为波矢沿 z 方向的分量；N_{zj} 为由式(4-1)求得的四个解中

的第 j 个 $(j=1, 2, 3, 4)$。各层中波矢的 y 向分量始终相等。当磁场方向与 y 轴平行时，矩阵 $\boldsymbol{D}_n$ 的各元素可简化为

$$\boldsymbol{D}_{1j}^{(n)} = -\mathrm{i}\,\varepsilon N_y N_{zj}^{(n)} \tag{4-10}$$

$$\boldsymbol{D}_{2j}^{(n)} = -\mathrm{i}\,\varepsilon N_y N_{zj}^{(n)} \tag{4-11}$$

$$\boldsymbol{D}_{3j}^{(n)} = N_{z0}^{(n)2}(N_{z0}^{(n)2} - N_{zj}^{(n)2}) - \varepsilon_1^{(n)2} \tag{4-12}$$

$$\boldsymbol{D}_{4j}^{(n)} = -\varepsilon_0^{(n)} N_{zj}^{(n)}(N_{z0}^{(n)2} - N_{zj}^{(n)2}) + \varepsilon_1^{(n)2} N_{zj}^{(n)} \tag{4-13}$$

各向同性层的矩阵 $\boldsymbol{D}_n$ 可写作

$$\boldsymbol{D}_n = \begin{bmatrix} 1 & 1 & 0 & 0 \\ N_{z0} & -N_{z0} & 0 & 0 \\ 0 & 0 & \dfrac{N_{z0}}{N} & \dfrac{N_{z0}}{N} \\ 0 & 0 & -N & N \end{bmatrix} \tag{4-14}$$

式中，N 为对应层的波矢。

介质层中传输矩阵 $\boldsymbol{P}_n$ 可写作

$$\boldsymbol{P}_n = \begin{bmatrix} \exp\!\left(\mathrm{i}\dfrac{\omega}{c}N_{z1}d_n\right) & 0 & 0 & 0 \\[2mm] 0 & \exp\!\left(\mathrm{i}\dfrac{\omega}{c}N_{z2}d_n\right) & 0 & 0 \\[2mm] 0 & 0 & \exp\!\left(\mathrm{i}\dfrac{\omega}{c}N_{z3}d_n\right) & 0 \\[2mm] 0 & 0 & 0 & \exp\!\left(\mathrm{i}\dfrac{\omega}{c}N_{z4}d_n\right) \end{bmatrix} \tag{4-15}$$

式中，N_z 为代入对应第 n 层的波矢 z 向分量；d_n 为该层介质的厚度。

至此，s 偏振光和 p 偏振光的反射系数和透射系数可由转移矩阵 $\boldsymbol{Q}$ 中下标所示位置元素计算得出：

$$r_{ss} = \left[\frac{E_{0s}^{(r)}}{E_{0s}^{(i)}}\right]_{E_{0p}^{(i)}=0} = \frac{Q_{21}Q_{33} - Q_{23}Q_{31}}{Q_{11}Q_{33} - Q_{13}Q_{31}} \tag{4-16}$$

$$r_{pp} = \left[\frac{E_{0p}^{(r)}}{E_{0p}^{(i)}}\right]_{E_{0s}^{(i)}=0} = \frac{Q_{11}Q_{43} - Q_{13}Q_{41}}{Q_{11}Q_{33} - Q_{13}Q_{31}} \tag{4-17}$$

$$t_{ss} = \left[\frac{E_{0s}^{(r)}}{E_{0s}^{(i)}}\right]_{E_{0p}^{(i)}=0} = \frac{Q_{33}}{Q_{11}Q_{33} - Q_{13}Q_{31}} \tag{4-18}$$

$$t_{pp} = \left[\frac{E_{0p}^{(r)}}{E_{0p}^{(i)}}\right]_{E_{0s}^{(i)}=0} = \frac{Q_{11}}{Q_{11}Q_{33} - Q_{13}Q_{31}} \tag{4-19}$$

　　利用磁光转移矩阵法，可得到各偏振光的反射系数和透射系数，再利用角谱理论及弱测量放大理论，便可得到原始或放大后的自旋横移值。角谱理论的求解方法将在 4.3 节进行详细论述。

4.2.2　磁光光自旋霍尔效应的有限元法

　　有限元法是 20 世纪中叶由美国数学家理查德·库兰特首次提出的数学分析方法。在处理时空相关的复杂物理问题时，通常利用偏微分方程来计算所求参数。但事实上，对于实际的物理模型来说，特别是多物理场问题，这些偏微分方程的解很可能是无法求出的。有限元法通过对连续的物理模型进行离散化的合理拆分，构造出近似方程，最终得出数值模型方程并求解[87]。这一过程可以借助计算机或服务器进行多维度、计算量大的物理问题的仿真计算。对应不同的物理模型，有限元法的分析过程不尽相同，这里仅介绍其核心思想。

　　首先，对数据进行合理近似。假设函数 y 是偏微分方程中的一个因变量(如压强、能流密度、磁感应强度等)，通过对基函数的线性组合得到新的因变量 y_h，即

$$y \approx y_h \tag{4-20}$$

$$y_h = \sum_i y_i \kappa_i \tag{4-21}$$

式中，κ_i 为 y 的基函数；y_i 为一个近似系数。

　　然后，根据实际情况对近似函数分段。κ_i 在第 i 分段点处取 1，在其余分段点处取 0。假设 y 为某桥梁上距桥墩 x 处的应力，根据实际需要将桥梁拆分为 n 段，这里取前 8 段作图 4-3(a)。

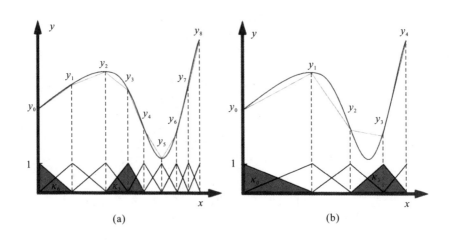

图 4-3　有限元法示意图：(a) 8 段示意图；(b) 4 段示意图

图中，y_0～y_8 为基函数 κ_i 的近似系数。对比图 4-3(a)和图 4-3(b)可知，当区域划分得越细，分段点越多时，近似函数 y_h 越接近原函数 y。过粗的分割会使仿真结果严重偏离真实水平，要想得到更加真实的近似结果，斜率变化越大的区域应当越细分。

由此可见，细分度 n 越大则计算结果越精确，但同时计算时间将变得冗长，对计算机内存的占用量也会成倍增加。因此，在实际科研工作中如何细化物理模型，需要实事求是、灵活变通。

对于光学模型来说，常见的一个问题是求解介质中的电场分布，它表征了能量在传输过程中的变化和分布情况，具有重要的科研价值。解析算法对于复杂或不规则的介质通常难以求解，利用有限元法则可以实现对这一光学问题的仿真计算。

当分析一束有限宽度的光以一定角度从多层介质的上端入射并到达另一端的能量分布问题时，解析算法的计算难度较大或仅能得到出射端口的总体情况。而有限元法将固有平面(物体)划分为无数个正三角形(正四面体)，如图 4-4 所示。通过顺序求解麦克斯韦方程组，最终得到每条边(棱)处的电场分布，从而实现对整个电介质内光场分布的数值计算。对于磁场的影响可根据实际的磁化方向和强度对介质的介电常数进行设置来实现。

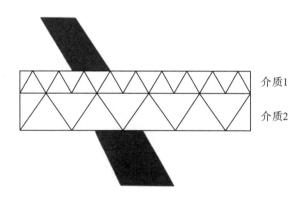

图 4-4　有限元法求解场分布问题示意图

有限元法可以根据实际情况自由剖分网格，对于复杂结构介质的情况也可以进行仿真计算，它既是对解析算法的补充，也是对理论计算的验证，是解决光学问题的重要手段。有限元法相对于解析方法，对多物理场叠加问题的处理优势尤为明显，是处理复杂物理场问题的不二手段。

4.3 磁光光自旋霍尔效应自旋横移的计算方法

对于具有有限宽度的入射光而言，其实际波面为波包形式，因此可将它视为多个平面波的叠加，这些平面波具有不同的角谱分量。当其在介质表面发生反射时，会产生不同的附加相位并互相干涉，最终宏观表现为光场能量的重新分布，即 SHEL。因此，可以利用角谱理论对 SHEL 进行解析计算。角谱理论是将入射光场经傅里叶变换为角谱形式，再利用反射(折射)和入射角谱间的联系计算出射角谱，进而得到出射角谱的光场表达式，最后利用数学积分方法，得到光场质心的几何位置[88]。

假设束腰宽度为 w_0 的单色高斯光束在介质表面反射，其入射光角谱可表示为

$$\tilde{\boldsymbol{E}}_{i\pm}(k_{ix},k_{iy}) = (e_{ix} + i\sigma e_{iy})\frac{w_0}{\sqrt{2\pi}}\exp\left[-\frac{w_0^2(k_{ix}^2 + k_{iy}^2)}{4}\right] \tag{4-22}$$

式中，$\sigma = \pm 1$ 分别为 LCP 光和 RCP 光。反射光束的角谱可表示为

$$\begin{bmatrix} \tilde{\boldsymbol{E}}_r^H \\ \tilde{\boldsymbol{E}}_r^V \end{bmatrix} = \begin{bmatrix} r_{pp} - \dfrac{k_{ry}}{k_0}(r_{ps} - r_{sp})\cot\theta_i & r_{ps} + \dfrac{k_{ry}}{k_0}(r_{pp} - r_{ss})\cot\theta_i \\ r_{sp} + \dfrac{k_{ry}}{k_0}(r_{pp} - r_{ss})\cot\theta_i & r_{ss} - \dfrac{k_{ry}}{k_0}(r_{ps} - r_{sp})\cot\theta_i \end{bmatrix} \begin{bmatrix} \tilde{\boldsymbol{E}}_i^H \\ \tilde{\boldsymbol{E}}_i^V \end{bmatrix} \tag{4-23}$$

式中，$\tilde{\boldsymbol{E}}_r^H$ 和 $\tilde{\boldsymbol{E}}_r^V$ 分别为反射光束角谱的水平分量和垂直分量；k_{ry} 为反射波失的 y 分量；H 和 V 分别为自由空间中的水平和垂直偏振；r_{pp}、r_{ps}、r_{sp} 和 r_{ss} 为该多层结构的菲涅尔反射系数，其下标代表不同的偏振态(p 即 H 偏振光，s 即 V 偏振光)，可由磁光转移矩阵法得出。

在 TMOKE 的作用下，反射光不存在克尔转角，因此 r_{ps} 和 r_{sp} 等于 0，且 r_{pp} 和 r_{sp} 可简化表示为 r_p 和 r_s。因此，式(4-23)可简化为

$$\begin{bmatrix} \tilde{\boldsymbol{E}}_r^H \\ \tilde{\boldsymbol{E}}_r^V \end{bmatrix} = \begin{bmatrix} r_p & \dfrac{k_{ry}}{k_0}(r_p - r_s)\cot\theta_i \\ \dfrac{k_{ry}}{k_0}(r_p - r_s)\cot\theta_i & r_s \end{bmatrix} \begin{bmatrix} \tilde{\boldsymbol{E}}_i^H \\ \tilde{\boldsymbol{E}}_i^V \end{bmatrix} \tag{4-24}$$

结合以下条件

$$\begin{aligned} \tilde{\boldsymbol{E}}_r^H &= (\tilde{\boldsymbol{E}}_{r+} + \tilde{\boldsymbol{E}}_{r-})/\sqrt{2} \\ \tilde{\boldsymbol{E}}_r^V &= i(\tilde{\boldsymbol{E}}_{r-} + \tilde{\boldsymbol{E}}_{r+})/\sqrt{2} \end{aligned} \tag{4-25}$$

式中，$\tilde{\boldsymbol{E}}_{r+}$ 和 $\tilde{\boldsymbol{E}}_{r-}$ 分别为左旋和右旋圆偏振光的角谱。这样我们便可得到反射光束的左旋和右旋圆偏振光分量的角谱和电场分布：

$$E_r = (x_r, y_r, z_r) = \iint \tilde{E}_r(k_{rx}, k_{ry}) \exp[i(k_{rx}x_r + k_{ry}y_r + k_{rz}z_r)] dk_{rx}dk_{ry} \tag{4-26}$$

反射光的自旋相关分裂可以表示为

$$\delta_H^\pm = \frac{\iint E_{r\pm} \cdot E_{r\pm}^* y_r dx_r dy_r}{\iint E_{r\pm} \cdot E_{r\pm}^* dx_r dy_r} \tag{4-27}$$

结合式(4-26)和式(4-27)，可以得出 H 偏振光的自旋横移值为

$$\delta_H^\pm = m\frac{\lambda}{2\pi}\left[1 + \frac{|r_s|}{|r_p|}\cos(\Delta\varphi)\right]\cot\theta_i \tag{4-28}$$

利用弱测量系统实现弱值放大时，由于入射光为 H 偏振光，故此时的偏振面与水平面的夹角 $\alpha = 0$，即通过弱测量系统的出射光的偏振面与水平方向的夹角为 $\beta = \pi/2 + \Delta$，出射光场的复振幅可表示为

$$M_{p2}E_r(x_r, y_r, z_r) = (\sin\Delta e \cdot r_x + \cos\Delta e \cdot r_y) \cdot E_r(x_r, y_r, z_r) \tag{4-29}$$

式中，M_{p2} 为后选择 P2 的琼斯矩阵；Δ 为后选择 P2 出射的 e 光的偏振面与竖直方向的夹角，通常称为放大角。在任意给定的平面，z 均为常数，故上式可以进一步简化，结合光束质心积分公式得到经过弱测量放大后的自旋横移可表示为

$$A_w \delta_r^H = \frac{\iint y_r I dx_r dy_r}{\iint I dx_r dy_r} \tag{4-30}$$

式中，I 为电荷耦合器件(charge coupled device，CCD)接收到的光强；A_w 为弱测量系统的弱值。从式中可以看出，当反射光的自旋横移 δ_r^H 较大时，A_w 非常小。A_w 的大小对于入射角的变化十分敏感。结合式(4-28)，对于 H 偏振光，弱值可表示为

$$A_w^H = \frac{z_r k_0 \sin(2\Delta)}{\left(\dfrac{r_s^2}{r_p^2} + 2\dfrac{r_s}{r_p} + 1\right)\cot^2\Delta\cot^2\theta_i + 2k_0 z_r \sin^2\Delta} \tag{4-31}$$

可见，弱值不仅与入射角 θ_i、放大角 Δ 有关，还与光场的接收位置 z_r 有关，即可由透镜的有效焦距进行调节，这也印证了弱测量的传输放大机理。

4.4　磁光光自旋霍尔效应传感的灵敏度分析

灵敏度是评价传感系统质量的重要参数。对于 SHEL 折射率传感器而言，根据传感目标的不同，其灵敏度主要体现在以下两方面。

1. 角度灵敏度

显然，入射角的变化将对 SHEL 的自旋横移值产生巨大影响。我们定义某角

度 θ 处 SHEL 的质心横移值为 δ，则此处 SHEL 的角度灵敏度定义为

$$S_\theta = \frac{\mathrm{d}\delta}{\mathrm{d}\theta} \tag{4-32}$$

即质心横移相对于入射角的变化率。在实验测量中，所测数据点通常是离散的，我们可以根据实验精度的需求，对质心横移进行等角度测量。测得一组质心横移 $\delta_1, \delta_2, \delta_3, \cdots, \delta_n$ 及一组入射角 $\theta_1, \theta_2, \theta_3, \cdots, \theta_n$，下标数字一一对应。则下标数字 m 处（m=1, 2, 3, $\cdots$, n-1）的灵敏度可用差分法计算：

$$S_{\theta m} = \frac{\delta_{m+1} - \delta_m}{\theta_{m+1} - \theta_m} \tag{4-33}$$

利用 SHEL 可以对角度的微小变化进行灵敏探测，角度灵敏度可以对这一过程进行准确评价。但角度灵敏度的测量需要入射角进行连续变动，而入射角的改变将导致光路的变化，引入不必要的误差。角度灵敏度的测量通常需要使用可变入射角的转台，使经棱镜反射后的光路随光束同时移动，具有一定的局限性。

2. 折射率灵敏度

对于 MOSHEL 传感器件来说，对待测溶液的折射率灵敏度是衡量其质量的重要指标之一。我们定义某浓度的溶液折射率为 n，此时的质心横移值为 δ，则此时溶液的折射率灵敏度为

$$S_n = \frac{\mathrm{d}\delta}{\mathrm{d}n} \tag{4-34}$$

可见，折射率灵敏度就是自旋横移随溶液折射率的变化速度。同样，在实际测试中，采样的数据点也很有可能是离散的，参考式(4-40)，则折射率灵敏度也可以表示为差分形式：

$$S_{\theta n} = \frac{\delta_{m+1} - \delta_m}{n_{m+1} - n_m} \tag{4-35}$$

折射率灵敏度的测量不需要对既有光路及器件做任何改变，误差来源较少。但待测溶液折射率的变化通常是通过改变溶液浓度实现的，待测溶液需要事先准备，操作比较烦琐。MOSHEL 的灵敏度计算与上述过程基本一致，只需将自旋横移值 δ 替换为 MOSHEL 的自旋横移值 δ_{MO} 即可进行求解。

4.5 本 章 小 结

本章首先研究了 MOSHEL 反射系数的两种主要算法：磁光转移矩阵法和有限元法。对磁光转移矩阵法进行分析和推导，最终得出光在含有磁性介质的多层结构

中经反射后的反射系数。同时，介绍了有限元法的主要分析方法和经典光学案例。

　　然后，从实验和理论两部分讨论了弱测量系统。对于 SHEL，我们无法用肉眼直接观察，所以必须借助弱测量系统将其放大并利用 CCD 等成像设备接收和观察，这对于 SHEL 的研究和应用意义重大。

　　接着，利用角谱理论和弱测量方法，再结合磁光转移矩阵法，推导了 MOSHEL 反射光的质心位置和自旋横移的表达式，包括未使用弱测量方法的情形。这为 MOSHEL 的分析计算提供了解析算法。

　　最后，分析了 MOSHEL 的主要评价指标——灵敏度，并针对其适用性做出评估。

　　本章研究的内容将为后续对 MOSHEL 及其应用的研究奠定理论基础。

第5章 多层光波导折射率传感

5.1 基于金属-绝缘体-金属波导的折射率传感

一般折射率传感器由玻璃或半导体聚合物等介电材料组成。通过在光波导中引入金属层，可形成金属-绝缘体-金属（metal insulator metal,MIM）或绝缘体-金属-绝缘体（insulator metal insulator,IMI）波导。这种结构可以在金属与介电材料的界面激发 SPW。由于 SPW 可以被限制在金属和绝缘体的界面上，所以传感器的灵敏度可以得到很大的提高[89-90]。本节利用第 2 章耦合模理论的耦合系数、耦合长度等参数分析其传输特性，导出灵敏度的表达式，并讨论其传感特性。

基于 MIM 定向耦合器（directional coupler，DC）的传感器如图 5-1 所示。这种结构的传感器对固体、液体或气体折射率传感均适用。固体可沉积在 Au 层的上下面，气体可利用 Au 层之间的间隙。但对于液体传感，由于 Au 层之间的间隙为 100～200nm，所以必须利用微流体通道的方法将样品导入传感区域。另一种方法则是在传感器中间的 Au 层上下涂覆薄液层，然后在此基础上加另外两个 Au 层。这种方法可以使 Au 层彼此之间紧密结合，中间的液体层也非常薄。通过对距离的精确控制，可以实现液体传感。图 5-1 中三个金属层和两个样品层交替叠加，金属层和样品层的折射率分别为 n_0、n_1，厚度分别为 d_2 和 d_1。功率为 P_0 的光从第一层样品的左端入射，并在金属和样品的界面处激发 SPW。由于定向耦合的作用，光传播一定距离后，部分能量将耦合到第二层样品中。P_A 和 P_B 分别为上下样品层的输出功率。通过检测输出功率 P_B，可以得到所测量样品折射率的变化。从图 5-1 中可以看到，x 轴的电场集中分布在金属和样品的分界面处。由于 SPW 的激发将使金属和样品界面处的能量聚集得越来越多，输出功率随样品折射率的变化也越来越大，灵敏度与介质波导相比也得到显著提高。

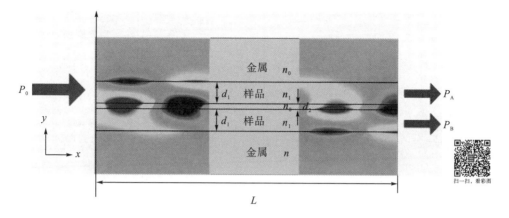

图 5-1　基于 MIM 波导传感器及 x 轴电场分布示意图

　　为了显示输出功率 P_B 的变化，图 5-2 给出了 MIMIM 波导中，不同样品折射率的归一化电场分布。由图可知，随着折射率的增加，耦合长度将减小，P_B 的变化很明显。同时，由于金属波导层的吸收，入射光的功率将明显衰减。在以下仿真中，定义样品折射率 n_1 为参考点，此时 MIMIM 波导中 B 端口对应的输出功率为 P_0，当考虑金属的吸收时，相对输出功率 P_B/P_0 就是功率变化率的准确值。所选参数为：入射光波长为 780nm，Au 层相对介电常数为-23.5893+1.6913i，样品为不同浓度的葡萄糖溶液，折射率变化范围为 1～1.8，样品层厚度为 $d_1 = 0.1\mu m$。

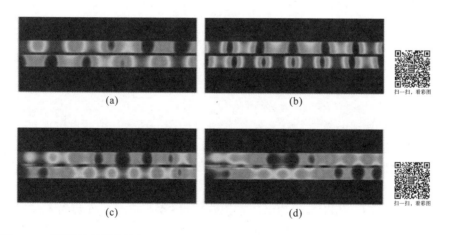

图 5-2　不同样品折射率的归一化电场分布：(a) n_1=1；(b) n_1=1.3；(c) n_1=1.5；(d) n_1=1.8

　　图 5-3 给出了不同 Au 层厚度时，输出功率 P_B 的变化。在图 5-3 (a) 中，当 Au 层厚度 $d_2 = 0.02\mu m$ 时，P_B/P_0（相对输出功率）随样品折射率的变化非常明显。而随着 Au 层厚度的增加，P_B/P_0 的变化越来越慢，如图 5-3 (b)～图 5.3 (d) 所示。

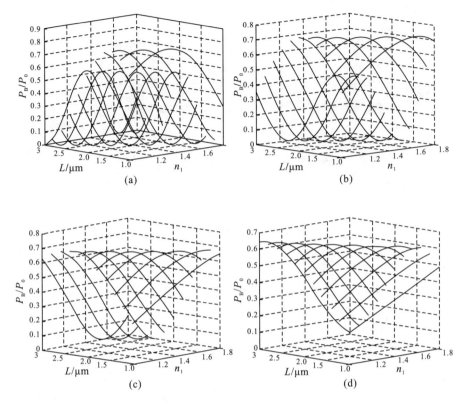

图 5-3　Au 层厚度对相对输出功率的影响：(a) d_2=0.02 μm ；　(b) d_2=0.025 μm ；
(c) d_2=0.03 μm ；　(d) d_2=0.035 μm

因此，可以利用 $\partial P_B / \partial n_1$ 来定义传感器的灵敏度。当 $d_1 = 0.1\mu m$ 时，传感器的灵敏度为

$$S = \partial(P_B / P_0)/\partial n_1 \tag{5-1}$$

式中，P_0 为样品折射率等于参考折射率 n_r 时的输出功率，因此可以选择该点作为工作点；P_B/P_0 为 MIMIM 波导中为待测样品时的输出功率与为参考样品时的输出功率的比值；$\partial(P_B/P_0)/\partial n_1$ 为 P_B/P_0 相对于样品折射率的变化，其值大于 $\partial P_B/\partial n_1$。

传感器长度 L 对相对输出功率 P_B 的影响如图5-4所示。所选参数为 $\lambda = 780\,nm$ ，$\varepsilon_1 = -23.5893 + 1.6913i$ ，$d_1 = 0.1\,\mu m$ 和 $d_2 = 0.035\,\mu m$ 。当 L=1μm，n_1 从 1.0 变化到 1.8 时，相对输出功率 P_B 的增幅较缓。随着 L 的增加，图5-4 中的曲线分布越来越陡，折射率传感器的灵敏度也随之得到极大提高。通过进一步计算可知，当传播长度等于定向耦合器的耦合长度时，传感器可以达到最大的灵敏度。

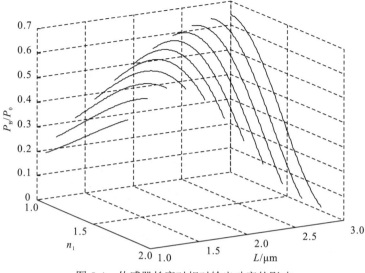

图 5-4　传感器长度对相对输出功率的影响

材料的色散将使激光波长和线宽对输出功率产生影响。当所选参数为激光中心波长 $\lambda = 780\,\text{nm}$ ，$\varepsilon_1 = -23.5893 + 1.6913\text{i}$ ，$d_1 = 0.1\,\mu\text{m}$ 和 $d_2 = 0.035\,\mu\text{m}$ 时，考虑 Au 的色散，假设激光波长为 $(780\pm2)\,\text{nm}$ 时，相对输出功率如图 5-5 所示。由图可知，对于 $\pm2\text{nm}$ 的波长变化，输出功率 P_B 的变化很小。同时，图 5-5 中曲线的斜率即为传感器的灵敏度 $S = \partial(P_\text{B}/P_0)/\partial n_1$ ，从图中可以看出灵敏度基本相等。众所周知，激光的半宽度（FWHM）总是小于 1nm。以上计算结果表明，激光波长漂移 2nm 和线宽小于 1nm 对传感器性能的影响不大，可以忽略其对传感器输出功率和灵敏度的影响。

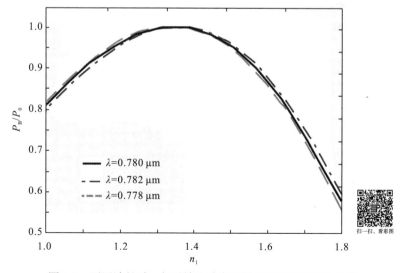

图 5-5　不同波长时，相对输出功率随样品折射率的变化曲线

图 5-6 给出了不同参考点(即参考折射率 n_r)的灵敏度等高图,其中 d_1=1μm,d_2=0.02μm。随着参考折射率的增加,传感器的灵敏度分布将发生变化。对于不同的参考点,灵敏度最大值对应的折射率范围也有所不同,说明在设计传感器之前,应先估计样品折射率的范围,据此再选择 DC 的相关参数,以便在待测样品的折射率范围内实现最高的灵敏度。基于不同的 DC 耦合长度,可以获得不同的传感器尺寸和灵敏度,通过选择适当的参数,传感器灵敏度最高可达 200/RIU,大约是介质波导灵敏度的 10 倍[91]。

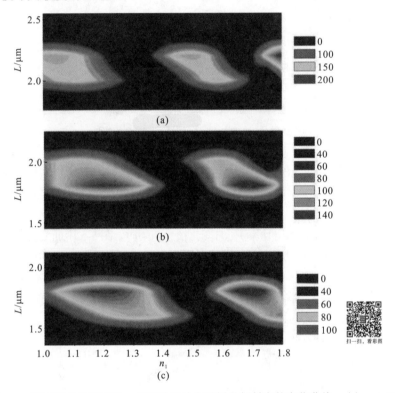

图 5-6 不同参考折射率时,相对输出功率随样品折射率的变化曲线:(a) n_r=1.33;
(b) n_r=1.43;(c) n_r=1.53;

实际中,设计传感器时还应考虑功率损失,MIM 波导中较大的传播长度可以提高灵敏度,但同时也会增加功率的损耗,导致传感器的分辨率下降。基于以上权衡,可设计折射率传感器的参数如下:传感器长度、样品厚度和 Au 层厚度分别为 2.0μm、0.1μm 和 0.02μm。传感器的参考点选为 n_r=1.33,传感范围为 1.4~1.6,灵敏度约为 150/RIU。而利用五层介质材料波导设计的折射率传感器,其最大灵敏度为 13.36/RIU[92,93]。采用 MIMIM 结构的折射率传感器,其总尺寸仅为介质波导的 1/10,而灵敏度却提高了 10 倍。

5.2 基于模式干涉的五层平板波导折射率传感

5.2.1 引言

近年来, 生物传感因其在医学和环境应用中的广泛应用而引起了科学研究的兴趣[94,95]。现代生物传感器具有高选择性和高灵敏度, 因此研究人员提出了许多方法来实现特殊的生物传感器来检测液体的折射率, 如光流体微系统[96]、耦合光流体环形激光器[97]、光流体微-环形谐振腔[98,99]和耦合微腔激光器[100]。另一种重要的方法是基于光波导的折射率传感, 由于其尺寸小、化学和生物相容性好及电磁不敏感性, 所以特别适合此类应用[101,102]。此外, 通过表面等离子体激元(surface plasmon,SP)的激发, 可以极大地提高对平坦金属界面折射率变化的敏感性[103,104], 并且由此提出了许多不同的结构, 包括等离子体干涉传感器阵列[105]和光透过 Au 膜中的纳米孔阵列[106]。而金属是有损耗的, 光的吸收会极大地影响其灵敏度, 同时也会带来热问题。基于光波导的折射率生物传感器通常由玻璃等介电材料和特定半导体的聚合物组成, 所以可以认为它是无损的, 从而可以有效地避免热量问题。它们基本上可以被认为是光源和检测器之间的传输线。被测物的折射率变化会引起功率、光谱、偏振或传输信号延迟的变化。例如, 通过对被测物吸收光谱的分析, 可以检测出其折射率[107]。然而, 这些折射率传感器相对较大, 无法与其他基于光波导的光电器件集成。

本书提出了一种基于五层波导模式干涉的折射率传感器, 该波导由两个电介质板和待检测的样品(液体或气体)组成。它可被视为两个独立的波导, 并通过耦合模式理论进行分析。本节基于仿真结果讨论所提出波导的耦合和传感特性。

5.2.2 设计分析方法

在如图 5-7 所示的五层波导中, 折射率为 n_0 的待测样品构成第 1、3、5 层, 折射率为 n_1 的介质层构成第 2、4 层。这里, 用 d_1 和 d_2 来表示介质的厚度和夹在介质之间的样品厚度。样品折射率的变化可引起耦合长度的变化。因此, 在固定长度的波导中, 输出功率也会随着样本指数的变化而发生变化。所设计传感器的传感原理是基于两个三层波导之间的耦合, 在每个波导中, 入射光被完全限制在第二层(引导层)中。在输入端口上, 三层波导由 1、2、3 层构成, 在输出端口上, 三层波导由 3、4、5 层构成。通过检测输出功率, 可以测量折射率的变化。必须强调的是, 本书主要研究的是输入功率和输出功率的传动比。也就是说, 我们不关心进口和出口适配器的耦合损失, 更关心传动比。为了解决耦合效率的问题,可以在输入端口和输出端口分别设置两个光电探测器。在这种方法中，耦合效率不会对传感性能产生影响。

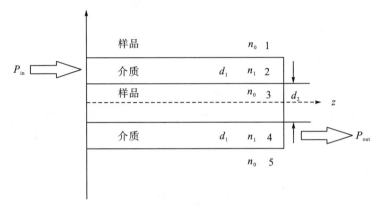

图 5-7 基于模式干涉的折射率传感器原理图

本书提出的波导耦合效应可以通过偶模和奇模之间的干涉现象来分析，当忽略高阶模时，DC 的电场可以用偶模和奇模之和来近似。这里，我们用 β_e 和 β_o 分别表示偶模和奇模的传播常数，它们可以通过求解下面的方程[108]得到

$$2u = arc\tan\left(\frac{n_1^2 w}{n_0^2 u}\right) + arc\tan\left[\frac{n_1^2 w}{n_0^2 u}\tanh\left(\frac{d_2}{d_1}w\right)\right] \quad (偶模) \tag{5-2}$$

$$2u = arc\tan\left(\frac{n_1^2 w}{n_0^2 u}\right) + arc\tan\left[\frac{n_1^2 w}{n_0^2 u}\coth\left(\frac{d_2}{d_1}w\right)\right] \quad (奇模) \tag{5-3}$$

式中，$u = \frac{d_1}{2}\sqrt{n_1^2 k_0^2 - \beta^2}$，$w = \frac{d_1}{2}\sqrt{\beta^2 - n_0^2 k_0^2}$。

五层波导的耦合长度为

$$L_c = \frac{\pi}{\beta_e - \beta_o} \tag{5-4}$$

得到相应的模耦合系数：

$$\kappa = \frac{\pi}{2L_c} = \frac{\beta_e - \beta_o}{2} \tag{5-5}$$

为简单起见，假设 β_e 等于 β_o 和一个不同扰动的和，其中 β_o 定义为单层波导的传播常数，可以通过求解方程来计算，即

$$u_0 = arc\tan\left(\frac{w_0}{u_0}\right) \tag{5-6}$$

耦合系数为

$$\kappa = \frac{4u_0^2 w_0^2}{\beta_0 d_1^2 \left(1 + w_0^2\right)v_0^2}\exp\left(\frac{2d_2}{d_1}w_0\right) \tag{5-7}$$

式中，$v_0^2 = \dfrac{1}{4}k_0^2 d_1^2(\varepsilon_1 - \varepsilon_0)$。

输出功率可定义为

$$P_{\text{out}} = \sin^2(\kappa z)P_{\text{in}} \tag{5-8}$$

功率传动比等于 $P_{\text{out}}/P_{\text{in}}$。

5.2.3　仿真结果及讨论

本节分别给出一些仿真结果来讨论 5.1 节和 5.2 节提出结构的耦合和传感特性。本节选择 780nm 波长的光波，这对应于典型的生物传感波长[109]，电介质的折射率 (n_1) 为 1.5。样品的折射率范围为 1.3~1.5，对应于不同浓度果糖溶液的折射率范围[110]。两个介质波导之间的间隙约为 200nm，当传感器用于流体传感时，需要一种驱动方法将流体推入传感通道。如果没有，我们有另一种方法来解决这个问题。即先把一根波导放入液体，然后把另一根波导放到表面上。通过对距离的精确控制，构建了本章所提出的传感器，实现了对流体的传感。

首先，考虑 d_1 和 d_2 对耦合长度的影响。本节选择 d_2=2.2μm，相应的耦合长度如图 5-8(a) 所示。随着 n_0 的增加，耦合长度增加，而对于较大的 d_1，耦合长度增加的趋势变缓。我们还发现，在起始点 $(n_0$=1.3$)$，d_1=0.2μm 的耦合长度小于 d_1=0.6μm 的耦合长度，而在终点 $(n_0$=1.45$)$ 的耦合长度则相反。然后，取固定的 d_1=10.2μm，耦合长度随 n_0 的增加而变长，d_2 的增加也将使耦合长度增加，如图 5-8 所示。进一步研究表明，对于不同的 n_0，耦合长度的范围几乎没有变化，对于从 1.3~1.45 的折射率变化，其值大约为 30μm。因此，介质厚度的选择对耦合长度的影响较大，d_1 较大的波导对折射率变化的敏感性较差。另外，夹在介质之间的试样厚度对各曲线的变化趋势没有明显影响，对于较大的 d_2，各曲线的变化趋势基本相同。

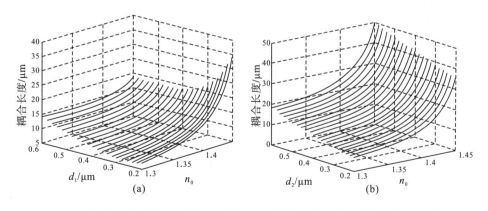

图 5-8　不同 d_1 的五层波导的耦合长度(a)和不同 d_2 的五层波导的耦合长度(b)

为了进一步了解 d_1 和 d_2 对耦合效果的影响,图 5-9 给出了 $n_0=1.4$ 时耦合系数和长度的三维曲面。从图中可以发现,d_1 和 d_2 的厚度越小,耦合系数越大,耦合长度越小。因此,为了使器件更紧凑、损耗更小,应设计尽可能小的介质厚度和介质间的距离。然而,作为折射率传感器,我们需要输出功率对样品折射率的变化敏感。这就提出了以下问题:耦合长度和灵敏度之间的关系如何?下面将讨论所提出波导的传感特性。

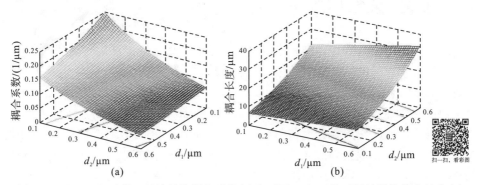

图 5-9 不同 d_1 和 d_2 的五层波导的耦合系数(a)和不同 d_1 和 d_2 的五层波导的耦合长度(b)

5.2.4 传感特性

为了研究以所提出的波导作为传感器的性能,定义功率传输比 P_{trans},它等于 P_{out}/P_{in},灵敏度 $S=\partial P_{trans}/\partial n_0$。下面给出 P_{trans} 和不同厚度电介质的折射率及其之间距离的关系。对于每种情况,假设波导的长度为 $n_0=1.3$ 时的耦合长度。从图 5-10(a)可以看出,随着 d_1 的增大,P_{trans}:n_0 的曲线越来越陡。当 $d_2=0.6\mu m$ 时,曲线在 $n_0=1.48$ 左右出现斜率绝对值的最大值。与图 5-10(a)相比,图 5-10(b)的急转趋势明显减缓。由于 P_{trans}:n_0 曲线的斜率与折射率传感器的灵敏度有关,因此在特定的折射率变化范围内,较大的 d_1 有助于获得较大的灵敏度。

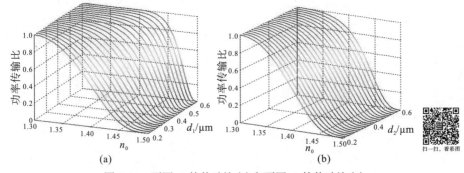

图 5-10 不同 d_1 的传动比(a)和不同 d_2 的传动比(b)

为了能够更直观地观测传感器的灵敏度，图 5-11 给出了灵敏度与待检测样品折射率的关系。从图中可以发现，随着 d_1 的增加，灵敏度的最大值也增加，并且出现在较大的 n_0 处。图 5-11(b) 的趋势与图 5-11(a) 相似，但是变化幅度没有图 5-11(a) 大。此外，折射率传感器的操作点对于生物传感的应用是非常重要的。我们已经证明所提出的折射率传感器对样品折射率具有很大的可调性，它可以用于不同样品的测量。从以上分析可以发现，d_1 和 d_2 的增加会提高传感器的灵敏度，同时在较大的样本下也会带来偏移。因此，这些现象表明如果想获得较大的最大灵敏度，应该增加介质的厚度及其之间的距离，但操作点也要相应增加。但是，必须强调的是，紧凑型传感器易与其他光学器件集成，在耦合过程中的能量损失更小。

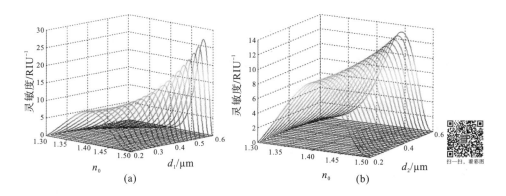

图 5-11　灵敏度对不同的样品指数有不同的 d_1(a) 和 d_2(b)

综上所述，较大的介质厚度和介质之间的距离可以提高折射率传感器的灵敏度，同时增加波导的耦合长度。因此，必须在传感器的灵敏度和尺寸之间进行权衡。根据更多的仿真结果，选择结构参数为：$d_1 = 0.4\,\mu m$，$d_2 = 0.2\,\mu m$，$L_c = 10.8\,\mu m$，当样本指数约为 1.455 时，最大灵敏度可以达到 13.36/RIU。如果假设可以检测到 0.03% 的功率变化[109,111]，那么所提出的折射率传感的分辨率约为 2.25×10^{-5} RIU。

综上，本书提出了一种基于五层波导模式干涉的折射率传感器。利用耦合模理论分析了其传输特性，并通过仿真研究了其作为折射率传感器的作用。基于对所提出传感器的灵敏度和尺寸的讨论，可以得到非常紧凑的 $10.8\,\mu m \times 1\,\mu m$ 的装置，并且对于 1.455 左右的折射率变化，所提出折射率传感器的检测分辨率可以达到 2.25×10^{-5} RIU。

5.3 用于甲烷检测的一维光子晶体磁等离子体传感

5.3.1 引言

SPR 是金属薄膜表面聚集电荷的密度发生振荡时产生的光激发，并沿界面传播。另一个类似现象是长程表面等离子体共振[112,113]。长程表面等离子体波 (LRSPW) 具有较长的传播距离和较窄的共振宽度[114]。SPR 和 LRSPW 的光谱和角度位置对周围介质的光学性质非常敏感，如折射率和回旋磁性。基于这一特点，不同种类的生物传感器已经出现[115-117]。传统的 LRSPW 是对称的多层结构，当薄金属层 (8~20nm) 被夹在两种相同的介质之间时，也有几种结构可以支持产生 LRSPW，如双金属结构[118]、一维光子晶体 (1DPC) 表面的薄金属膜[119,120]、有损耗的金属膜[121]。在具有金属薄膜和一维光子晶体的结构中，已经研制出了高灵敏度和谱峰尖锐的光谱传感器。通过精心的设计和精密的信号处理，强度询问型 SPR 传感器的指标分辨率可提高到 10^{-6}[122,123]。然而，传感器灵敏度的提高对于拓宽应用领域仍至关重要[124]。因此，提高折射率分辨率一直是这类 SPR 传感器的主要研究课题。

另外，基于磁光表面等离子体共振 (magneto-optic surface plasmon resonance，MOSPR) 的传感器已经在提高 SPR 分辨率上从理论和实验方面进行了研究，以期提高 SPR 传感器的分辨率[125,126]。通过向传感结构中的磁性材料 (如 Fe、Co 和 Ni) 施加方向相反的外部横向磁场，可以获得两个 SPR 共振角略有差异的反射谱。利用两种光谱之间的差异 (称为 MOSPR 光谱)，我们可以更直观地检测传感环境的变化。一般来说，与金属氧化物半导体辐射传感器的反射光谱相比，金属氧化物半导体辐射传感器的光谱更窄，信噪比更高[127]。为了在磁光效应的增强和由高光学损耗引起的共振品质因数的降低之间找到平衡，可将铁磁性金属与贵金属结合使用[128]。然而，Co 或 Fe 等铁磁性金属的高光学损耗仍然限制了 MOSPR 传感器的性能[129,130]。而一个提高灵敏度的解决方案是用 Ce 掺杂的 $Y_3Fe_5O_{12}$ (Ce:YIG) 的介质取代铁磁性金属，它提供了非常低的光学损耗和强磁光效应 (由于 Ce^{3+}-Fe^{3+} (四面体) 电荷转移，在 $1\mu m$ 波长附近显示了强的法拉第旋转)[131]，也就是所谓的电介质磁光等离子体共振 (dielectric magneto-optic swrface plasmon resonance，DMOSPR) 传感器[132]。

Cryptophane A 是一种人工合成的有机化合物，具有适合分子客体包裹的强化空腔，特别适合于对甲烷的识别[133,134]。Cryptophane A 对甲烷的特定吸收可使折射率增加。基于这一原理，已经提出了几种类型的传感器[135,136]。一种类似的名为 Cryptophane E 的隐花素分子具有较大的内部体积，也可用于甲烷检测[137,138]。

本节报道了基于 Ce:YIG 层、Au 层和特殊设计的光子晶体的磁光异质结构中 DMOSPR 传感响应的系统数值研究。我们使用 Cryptophane A 作为敏感层,这是一种笼状化合物,已广泛用于识别甲烷[136]。为了分析所提出的 DMOSPR 传感器的传感性能,我们研究了结构关键参数的影响,并计算了磁光响应[$\Delta R=R(-H)-R(+H)$,TMOKE=$(R(+H)-R(-H))/(R(+H)+R(-H))$]和灵敏度。结果表明,我们提出的 DMOSPR 传感器比传统的气体传感器如基于光纤的 SPR 传感器更灵敏[139,140]。一般来说,镀膜比加工光纤容易,所以纳米薄膜结构对气体传感的接触面积更大。同时,DMOSPR 传感器具有更高的信噪比。

5.3.2　模型和模拟方法

图 5-12 显示了所提出 DMOSPR 器件的原理图。入射光束通过 BK-7 玻璃棱镜耦合到传感结构中。Au 层和由 TiO_2-SiO_2 层组成的一维光子晶体可以支撑超长表面等离子体的传播,表面等离激元(surface plasmon polariton,SPP)模式的倏逝波能够穿透敏感层(Cryptophane A)。将 Ce:YIG 结构的超共振和强磁光效应相结合,可以实现高灵敏度的甲烷传感,这将在模拟部分进行讨论。

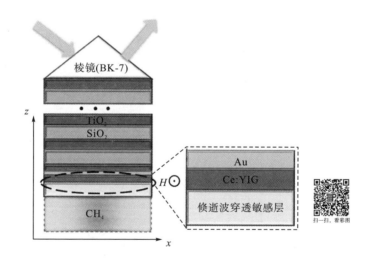

图 5-12　提出的 DMOSPR 传感器原理图

一维光子晶体表面上的金属薄膜可以支持传播长度为几毫米的超长表面等离子体激元,从而获得超窄角 SPR 共振[124]。另外,与 Fe 和 Co[124]等铁磁性金属相比,Ce:YIG 具有非常低的光学损耗和较强的磁光效应。因此,我们结合两者的优点,获得了更强的 TMOKE 和更好的传感性能。在实际制作中,周期结构的制作过程比金属-绝缘体-金属结构[141]更简便。同时，由于 Ce:YIG 比 Cryptophane A 的指数高，所以在 Ce:YIG/Cryptophane A 界面产生的电磁场强度要高得多，因此将 Ce:YIG 层放置在靠近甲烷的 Au 膜一侧，而不是像参考文献[142]那样放在另一侧。

用指数灵敏度 S 量化感知性能，可表示为

$$S = \left(\frac{\partial|\text{sgn}|}{\partial\theta}\right)_{\theta=\theta_r} \cdot \left(\frac{\partial\theta}{\partial n}\right) \tag{5-9}$$

式中，sgn 为感知信号的强度；n 为传感介质的折射率；$\boldsymbol{H}$ 为外磁场，H 应该使 Ce:YIG 薄膜在平面内饱和，通常在 500Oe 左右；θ 为入射角；n 为传感介质的折射率。

众所周知，在多层结构的第 n 层中传播的平面波可以写成：

$$\boldsymbol{E}^{(n)} = \boldsymbol{E}_0^{(n)} \exp[\mathrm{i}(\omega t - \boldsymbol{k}\cdot\boldsymbol{r})] \tag{5-10}$$

根据麦克斯韦方程，求出各层内的复电场振幅满足：

$$\boldsymbol{k}^{(n)2}\boldsymbol{E}_0^{(n)} - \boldsymbol{k}^{(n)}(\boldsymbol{k}^{(n)}\cdot v^{(n)}\boldsymbol{E}_0^{(n)}) = N^2\varepsilon^{(n)}\boldsymbol{E}_0^{(n)} \tag{5-11}$$

式中，$\boldsymbol{k}^{(n)}$ 为复波矢。通过求解式(5-10)，可以得到四个根 $N_{zj}^{(n)}(j=1,2,3,4)$，在各向同性层中，可得 $N_{zj}^{(n)} = N_{z0}^{(n)}$。

在磁性层(Ce：YIG)中，动态矩阵 $\boldsymbol{D}_{\text{Ce:YIG}}$ 为[143]

$$\boldsymbol{D}_{\text{Ce: YIG}} = \begin{bmatrix} 1 & 1 & 0 & 0 \\ N_{z1} & -N_{z2} & 0 & 0 \\ 0 & 0 & \varepsilon_{20}-N_y^2 & \varepsilon_{20}-N_y^2 \\ 0 & 0 & -(N_y\cdot\varepsilon_{21}+N_{z3}\cdot\varepsilon_{20}) & -(N_y\cdot\varepsilon_{21}+N_{z4}\cdot\varepsilon_{20}) \end{bmatrix} \tag{5-12}$$

在各向同性层中，动态矩阵 $\boldsymbol{D}^{(n)}$ 由下式给出：

$$\boldsymbol{D}^{(n)} = \begin{bmatrix} 1 & 1 & 0 & 0 \\ N_{z0}^{(n)} & -N_{z0}^{(n)} & 0 & 0 \\ 0 & 0 & \dfrac{N_{z0}^{(n)}}{N^{(n)}} & \dfrac{N_{z0}^{(n)}}{N^{(n)}} \\ 0 & 0 & -N^{(n)} & N^{(n)} \end{bmatrix} \tag{5-13}$$

所有层中的传输矩阵 $\boldsymbol{P}^{(n)}$ 为

$$\boldsymbol{P}^{(n)} = \begin{bmatrix} \mathrm{e}^{\mathrm{i}(\omega/c)N_{z1}^{(n)}d^{(n)}} & 0 & 0 & 0 \\ 0 & \mathrm{e}^{\mathrm{i}(\omega/c)N_{z2}^{(n)}d^{(n)}} & 0 & 0 \\ 0 & 0 & \mathrm{e}^{\mathrm{i}(\omega/c)N_{z3}^{(n)}d^{(n)}} & 0 \\ 0 & 0 & 0 & \mathrm{e}^{\mathrm{i}(\omega/c)N_{z4}^{(n)}d^{(n)}} \end{bmatrix} \tag{5-14}$$

式中，$d^{(n)}$ 为第 n 层的厚度。矩阵 $\boldsymbol{Q}$ 由矩阵乘积给出：

$$Q = D_0 \prod_{n=1}^{N} \left(D_n P_n D_n^{(-1)} \right) D_0' \tag{5-15}$$

现在，p 偏振入射光的反射系数和透射系数为

$$r_{\mathrm{pp}} = \left(\frac{E_{0\mathrm{p}}^{(\mathrm{r})}}{E_{0\mathrm{p}}^{(\mathrm{i})}} \right)_{E_{0s}^{(\mathrm{i})}=0} = \frac{Q_{11}Q_{43} - Q_{41}Q_{13}}{Q_{11}Q_{33} - Q_{13}Q_{31}} \tag{5-16}$$

$$t_{\mathrm{pp}} = \left(\frac{E_{0\mathrm{p}}^{(\mathrm{t})}}{E_{0\mathrm{p}}^{(\mathrm{i})}} \right)_{E_{0s}^{(\mathrm{i})}=0} = \frac{Q_{11}}{Q_{11}Q_{33} - Q_{13}Q_{31}} \tag{5-17}$$

这里，Q_{ij} 是矩阵 Q 的矩阵元素，这就是所谓的传递矩阵法。

为了分析传感器的传感性能，利用 MATLAB 和 COMSOL 分别采用转移矩阵法（TMM）和有限元法（FEM）对该结构进行仿真。我们证明了几个参数可以影响传感器的磁光效应和灵敏度，包括 1D-PC 中 TiO_2/SiO_2 的层数、甲烷浓度和材料厚度。

5.3.3　仿真结果及讨论

图 5-13（a）和图 5-13（c）是 DMOSPR 器件的仿真模型。多层结构由 BK-7 棱镜/1D-PC/Au/Ce:YIG/Cryptophane A/甲烷组成。入射光波长为 980nm，棱镜、周期层和附加 TiO_2 层的厚度分别为 291nm、410nm、19nm。材料的相对介电常数为 $\varepsilon_{\mathrm{BK7}} = 2.2734$，$\varepsilon_{\mathrm{TiO_2}} = 6.1916$，$\varepsilon_{\mathrm{SiO_2}} = 2.1045$，$\varepsilon_{\mathrm{Au}} = -50.404 + 1.2116\mathrm{i}$，对于 Ce:YIG 层，$\varepsilon_{20} = 5.326 + 0.106\mathrm{i}$，$\varepsilon_{21} = 0.0167 + 0.04236\mathrm{i}$（介电张量的对角元素）[33]。在 COMSOL 中，分别对左右边界和上下边界使用散射边界条件和周期边界条件。p 偏振入射光束通过 BK-7 棱镜耦合到传感结构中。Au 层和由 TiO_2-SiO_2 层组成的一维光子晶体可以支持超长 SPP 模式，倏逝波可以穿透 Ce:YIG 层和 Cryptophane A。由于甲烷在有机溶液中有选择性地包含在 Cryptophane A 中，所以 Cryptophane A 的折射率随甲烷浓度 C[136]的变化而变化。当甲烷与 Cryptophane A 反应时，穿透深度为 482nm，因此选择 Cryptophane A 的厚度为 500nm[136]。图 5-13（b）是用 MATLAB 计算的 DMOSPR 结构的反射光谱，采用 4×4 传输矩阵法。由于存在 TMOKE，所以当沿两个相反方向（即 $+H$ 和 $-H$）施加外磁场时，谱沿入射角轴略有偏移。我们可以这样理解这个现象，当沿 y 轴施加磁场时，TM 偏振光的本征传播常数可用微扰理论表示为 $\beta = \beta^0 \pm \Delta\beta^{\mathrm{TM}}$，其中由磁场引起的非互易相移 NRPS 为[144]

$$\Delta\beta^{\mathrm{TM}} = -\frac{2\beta^{\mathrm{TM}}}{\omega\varepsilon_0 N} \iint \varepsilon_{21} / \varepsilon_{20}^2 H_x \partial_y H_x \mathrm{d}x\mathrm{d}z \tag{5-18}$$

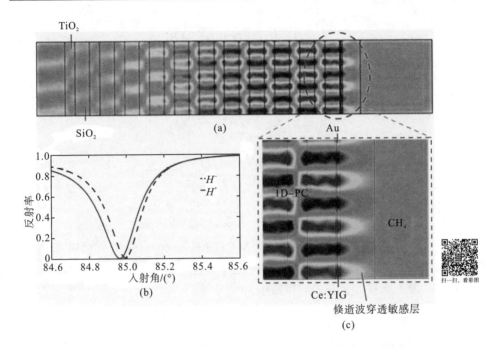

图 5-13　仿真模型：(a)入射波长为 980nm，入射角为 85°时棱镜耦合 SPR 激发的光场分布；
(b)在入射波长为 980 nm，磁场方向相反的情况下，该结构的反射率与入射角的关系；(c) SPR
激发的光场分布放大图

　　在此基础上，通过改变 SPP 模的传播常数可以得到谐振角的位移。
　　我们计算了这种多层结构的磁光性质。计算得到的反射率差如图 5-14(a)所示，其中等高线图显示了 ΔR 对被测溶液入射角和浓度的依赖关系。在 Ag/Ce:YIG 异质结构[132]中，ΔR 的值接近±0.2，远高于 0.06。这是由于 Ce:YIG（共振角位移）的强磁光效应和 1DPC（超长表面等离子体传播）的场增强效应作用的结果。甲烷浓度与 Cryptophane A 折射率的数值关系为 $n = 1.412 + 0.053C$ [136]。有趣的是，在图 5-14(a)中，ΔR 对 C 值的依赖性并不强，可在 0~20%的较宽浓度范围内实现 ΔR 的提高，说明该结构具有良好的传感稳定性。另外，随着溶液浓度的增加，入射角对应的 ΔR 峰值增大。当 Cryptophane A 的折射率发生变化时，SPP 波矢 $\boldsymbol{k}_{spp}$ 也发生相应变化，因此 MOSPR 谱沿入射角轴发生偏移。$\mathrm{TMOKE} = \dfrac{R(H+) - R(H-)}{R(H+) + R(H-)}$ 的等高线与 N（1DPC 中 TiO$_2$/SiO$_2$ 层数）、Ce:YIG 和 Au 厚度的关系分别如图 5-14(b)～图 5-14(d)所示。三个图中的 TMOKE 值可接近 1，这是因为光子晶体的参数调整为使其有效阻抗与金属薄膜下面的电介质的阻抗相匹配，从而使其结构成为准对称的，并支持长程传播的表面等离激元模式。N 的变化使长程 SPW 的传播常数[123]和共振角发生变化。计算结果表明，当 $N = 11$、12 和 13 时，TMOKE

值在±1 位置附近得到的值较高。适当的 Au 和 Ce:YIG 厚度使 SPP 波矢与入射光相匹配，增强了 TMOKE。对于 TMOKE 值，Au 的厚度比 Ce:YIG 更敏感，如图 5-14（c）和图 5-14（d）所示。

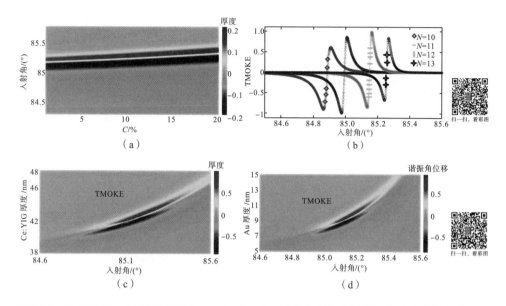

图 5-14　计算结果：（a）反射率差[$\Delta R=R(-H)-R(+H)$]随入射角和被测甲烷浓度的等高线图；（b）TMOKE=[$R(H_+)-R(H_-)$]/[$R(H_+)+R(H_-)$]随入射角的变化（1D-PC 中 TiO$_2$-SiO$_2$ 的层数）；（c）不同 Ce:YIG 厚度下 TMOKE 等值线图；（d）不同 Au 厚度下 TMOKE 等值线图

在上述对磁光响应分析的基础上，我们研究了 Au 薄膜和 Ce:YIG 薄膜的灵敏度及其与厚度的关系。计算出的灵敏度如图 5-15（a）所示，其中等高线图将灵敏度表示为多层传感结构中 Au 厚度和 Ce:YIG 厚度的函数。在 Ce:YIG 厚度为 41～47nm 和 Au 厚度为 8～12nm 的区域内观察到一个清晰的高性能区域，TMOKE 对 Au 厚度的依赖性强于 Ce:YIG，这与图 5-14（c）和图 5-14（d）的结果一致。由于 Ce:YIG 的强磁光效应和超长表面等离子体传播的结合，当选择 ΔR 作为传感信号时，MOSPR 传感器的最高灵敏度为 724.4/RIU，大约是 Ag-Ce:YIG MOSPR 结构[132]灵敏度的 32 倍。图 5-15（b）为包含 SPR、ΔR 和 TMOKE 信号灵敏度的传感器对折射率变化的灵敏度比较。微调参数后，SPR 对折射率变化的灵敏度为 97.35/RIU，TMOKE 得出的灵敏度为 3362.1/RIU。因此，ΔR 和 TMOKE 对甲烷浓度变化的敏感性分别为 38.4/1%和 178.2/1%。为了进一步说明我们所设计传感器的合理性，我们分别比较了 Ag 和 Au 作为贵金属在 LRSPR 结构中的传感结构时的场分布和工作性能。图 5-15（c）显示了在 LRSPR 激发条件下，从最后一层 1DPC 到被检测气体（CH$_4$）沿多层薄膜表面法线方向的 H_y 场强。在 Au(Ag)-Ce:YIG 界面处激发 LRSPW，Au 对

SPW 的支撑能力优于 Ag。另外，Au(Ag)-Ce:YIG 界面 SPP 模式的倏逝波可以穿透整个 Cryptophane A 层，从而提高了隐晶 A 层的感知性能。最后，1D-PC/Ag/Ce:YIG 对 Ag 和 Ce:YIG 厚度的灵敏度如图 5-15(d) 所示，其中灵敏度的最大值为 400.12/RIU。在 1DPC/Au/Ce:YIG 结构中，它远低于 724.4/RIU。

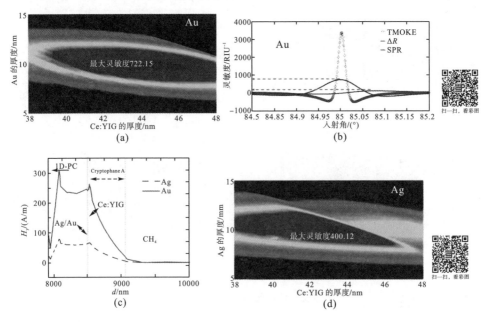

图 5-15 计算结果：(a) 多层传感结构中 Au 厚度和 Ce:YIG 厚度的灵敏度等值线图；(b) 选择 Au 作为传感结构的贵金属时，SPR、ΔR 和 TMOKE 信号灵敏度的比较；(c) 在 SPR 激励条件下，1D-PC/Au/Ce:YIG 和 1D-PC/Ag/Ce:YIG 结构中 H_y 场强度(传感器右侧)的比较；(d) 多层传感器结构中 Ag 厚度的灵敏度等值线图

5.4 基于双负材料棱镜-波导耦合系统的折射率传感

5.4.1 引言

左手材料(left-handed material，LHM)是一种具有负磁导率和负介电常数及负磁导率或负介电常数的超材料，是一种人工复合材料[145-148]，它具有许多不寻常的电磁特性，如负折射率、反平行群和相速率等。LHM 包括同时具有负介电常数和负磁导率的双负材料(double negative material，DNG)和仅具有负介电常数或负磁导率的单负材料(single negative material，SNG)。

折射率检测被广泛研究并应用于许多领域，包括监测化学过程、表面上的生物分子相互作用的无标签监测和精密加工中的平面度检测器，这需要实时结果和最小的样品制备，不需要荧光标记。折射率传感器的结构包括表面等离子体共振 (SPR)[149]、长周期光纤光栅 (long-period fiber grating，LPFG)[150]探测器、光子晶体结构[151]和平面波导环形谐振器[152]，其中出现光共振或部分对应与样品相互作用等模式。

　　本书建立了一个折射率检测结构，基于棱镜-波导耦合系统的 DNG 指导层，导致 SPR 因样品折射率产生的有损或无损的可检测的位置横向转移的入射光侧移峰。

5.4.2　模型与理论分析

　　采用如图 5-16 所示的经典棱镜-波导系统[153]，它由棱镜、包层(空气)、导波层(DNG 材料)和样品(待检测)组成。各层的相对介电常数、相对磁导率和厚度分别为 ε_j (j=1, 2, 3, 4)、μ_j (j=1, 2, 3, 4) 和 d_j (j=2, 3)，其中，对于损耗材料 $\varepsilon_j = \varepsilon_{jr} + \varepsilon_{ji}$ (j=2, 3, 4)。

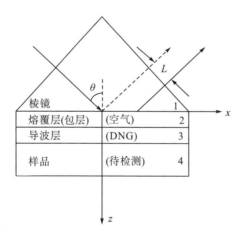

图 5-16　棱镜-波导系统原理图

　　假设一束 TM 偏振光注入棱镜和包层的界面，导波层由 DNG 组成。根据稳态相位法，光束的横向位移由文献[153]给出，即

$$L = -\frac{2\,\mathrm{Im}(\beta_1)}{\mathrm{Im}(\beta_0)^2 - \mathrm{Im}(\beta_1)^2}\cos\theta \tag{5-19}$$

式中，β_0 为三层波导(层 2、层 3、层 4)的波导模的本征传播常数，其中第二层的厚度为半无限厚；β_1 为三层波导与棱镜-波导系统的本征传播常数之差；β_0 和 β_1 的虚部分别称为本征阻尼和辐射阻尼。同时，可以通过求解色散关系得到

$$\gamma_1 d_3 = m\pi + \arctan T_2 + \arctan T_3 \quad m = 1,2,3,\cdots \tag{5-20}$$

式中，$\gamma_1 = k_0\sqrt{\varepsilon_3\mu_3 - \beta_0^2}$，$\gamma_2 = k_0\sqrt{\beta_0^2 - \varepsilon_2\mu_2}$，$\gamma_3 = k_0\sqrt{\beta_0^2 - \varepsilon_4\mu_4}$，$T_2 = \dfrac{\varepsilon_3}{\varepsilon_2}\cdot\dfrac{\gamma_2}{\gamma_1}$ 和

$T_3 = \dfrac{\varepsilon_3}{\varepsilon_4}\cdot\dfrac{\gamma_3}{\gamma_1}$。下面为增大横向位移的充分条件。由式(5-17)可知：

$$\left| \mathrm{Im}(\beta_0)^2 - \mathrm{Im}(\beta_1)^2 \right| = \left| \mathrm{Im}(\beta_1) \right| \tag{5-21}$$

在特殊入射角下将有很大的横向位移。下面用仿真结果来验证方程式(5-20)的有效性。

5.4.3 仿真及讨论

本节选择 $\lambda = 0.808\,\mu m$，$d_3 = 1.0\,\mu m$，$d_2 = 0.7\,\mu m$，$\varepsilon_1 = 6$，$\varepsilon_2 = 1$，$\varepsilon_3 = -4$，$\varepsilon_4 = 2 + \Delta\varepsilon_4 + \varepsilon_{4i}\mathrm{i}$，$\mu_3 = -1$ 和 $\mu_i = 1$ $(i = 1,2,4)$。为了对样品折射率的检测过程有一个清晰的认识，利用三维曲线来表示入射角度、ε_4 部分和横向位移之间的关系。首先，假设样品是无损的，图 5-17（$\varepsilon_4 = 2 \sim 2.5$）和图 5-18（$\varepsilon_4 = 2.5 \sim 3$）显示了同入射角下相应的横向位移。从图 5-17 中可以看出，当 $2 \leqslant \varepsilon_4 \leqslant 2.5$ 时，随着 ε_4 的增大，在入射角度较大时出现了侧移峰，我们发现侧移峰的入射角度与 ε_4 几乎呈线性关系。为了便于观察，我们得到了如图 5-18 所示的相反数量的横向位移，我们注意到当 $2.5 \leqslant \varepsilon_4 \leqslant 3$ 时，这种关系变为非线性。

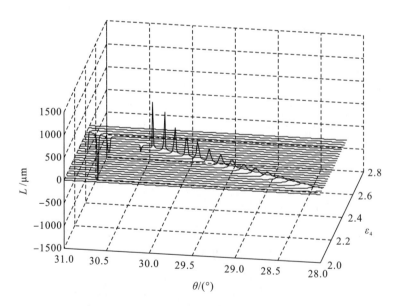

图 5-17 计算样品无损时的横向位移 $\varepsilon_4 = 2 \sim 2.5$

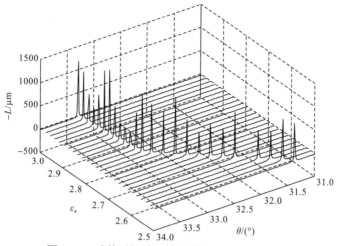

图 5-18　试件无损时计算的横向位移 $\varepsilon_4 = 2.5 \sim 3$

由于大多数材料是有损耗的，因此考虑样品具有弱吸收的情况。本节选择 $\lambda = 0.808\,\mu m$，$d_3 = 1.0\,\mu m$，$d_2 = 0.7\,\mu m$，$\varepsilon_1 = 6$，$\varepsilon_2 = 1$，$\varepsilon_3 = -4$，$\varepsilon_4 = 2.0 + \varepsilon_{4i} i$，$\mu_3 = -1$ 和 $\mu_i = 1\ (i = 1, 2, 4)$，相应的三维曲线如图 5-19 所示。我们发现，当样本有损耗时，同一样本（ε_4 固定）将出现两个横向位移峰值，如图 5-19 粗体曲线所示。当光束在介质界面上完全反射时，反射光束在几何光学预测的位置发生横向位移，所以在选定系统中必须只存在一个特定入射角的大的横向位移。而在模拟结果中，我们观察到两个横向移动发生在不同的入射角。这种现象很有趣,因为它与大型横向转移的定义是矛盾的，一旦内在和辐射阻尼满足方程(5-21)，有损样本会带来不止一个存在可能性大的横向变化。这里我们还注意到，当样品有损耗时，横向位移的峰值相对较小，如图 5-17 或图 5-18 所示。

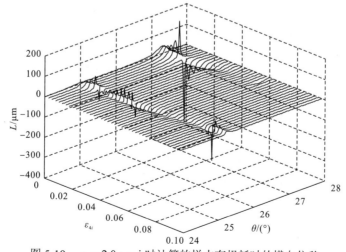

图 5-19　$\varepsilon_4 = 2.0 + \varepsilon_{4i} i$ 时计算的样本有损耗时的横向位移

下面讨论空气层厚度对系统横向位移的影响。首先，假设样本是无损的并进行参数选择 $\lambda = 0.808\,\mu m$，$d_3 = 1.0\,\mu m$，$\varepsilon_1 = 6$，$\varepsilon_2 = 1$，$\varepsilon_3 = -4$，$\varepsilon_4 = 2.6$，$\mu_3 = -1$ 和 $\mu_i = 1$ ($i = 1, 2, 4$)。图 5-19 和图 5-20 中的横向移动数量相反。研究发现，当空气层的厚度发生变化时，较大的横向位移峰值 $L = -1.882 \times 10^4\,\mu m$ 也不同，最大横向位移出现在 $d_2 = 0.751\,\mu m$ 和 $\theta = 32.01°$ 处。

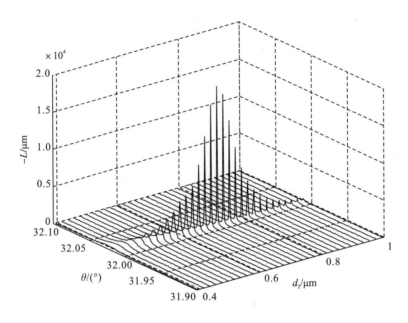

图 5-20　$\varepsilon_4 = 2.6$ 时试件无损时计算的横向位移

然后，假设样本是有损耗的，选择 $\lambda = 0.808\,\mu m$，$d_3 = 1.0\,\mu m$，$\varepsilon_1 = 6$，$\varepsilon_2 = 1$，$\varepsilon_3 = -4$，$\varepsilon_4 = 2 + 0.015i$，$\mu_3 = -1$ 和 $\mu_i = 1$ ($i = 1, 2, 4$)。图 5-21（$d_2 = 0 \sim 0.5\,\mu m$）和图 5-22（$d_2 = 0.5 \sim 1\,\mu m$）显示了不同入射角下相应的横向位移。当 $d_2 = 0 \sim 0.5\,\mu m$ 时，图 5-21 中除有一些几十微米左右的横向位移外，没有出现较大的横向位移。而我们发现同一样品（ε_4 是固定的）出现了两个横向位移峰值，如图中粗体曲线所示，这与图 5-19 的情况相似。此外，当 $d_2 = 0.5 \sim 1\,\mu m$ 时，一个大的横向移动出现在图 5-22。从图中可以发现，$\varepsilon_{4i} = 0.015$ 在 $\theta = 27.40°$ 和 $\theta = 27.41°$ 处存在正的和负的横向位移最大值时，对应峰值分别为 $L = 488.5\,\mu m$ 时的 $d_2 = 0.715\,\mu m$ 和 $L = -3009\,\mu m$ 时的 $d_2 = 0.725\,\mu m$。

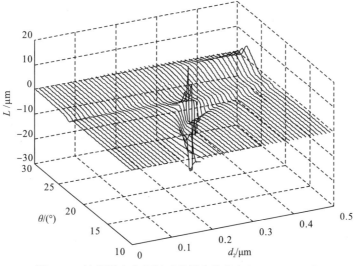

图 5-21　计算样本有损耗时的横向位移（$d_2 = 0 \sim 0.5\mu m$）

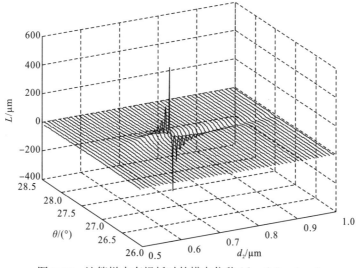

图 5-22　计算样本有损耗时的横向位移（$d_2 = 0.5 \sim 1\mu m$）

5.5　各向异性超材料金属包层光波导传感器

5.5.1　引言

　　金属包层光波导（metal clad optical waveguide，MCOW）传感器是一种基于平面波导结构的传感器，包括包层、薄膜、金属和衬底，可广泛应用于脂质双分子层的蛋白质吸附、脂质双分子层表征、细菌检测、细胞毒性检测等方面[154,155]。这种传感器的原理是测量反射角在波导其他参数变化时的角位移。

具有负磁导率和负介电常数及负磁导率或负介电常数的超材料是一种人工复合材料[156,157]，具有许多不寻常的电磁特性，如负折射率、反平行群和相速率等。它在完美透镜、平面透镜成像、倏逝波放大光学信息存储等方面具有重要的应用。参考文献[158]中提出一种基于介电响应的强各向异性且没有任何磁性响应（$\mu = \mu_0$）的新型非磁性超材料，它具有单轴各向异性的介电常数 ε，有 $\varepsilon_x = \varepsilon_y = \varepsilon_0 \varepsilon_p > 0$ 和 $\varepsilon_z = \varepsilon_0 \varepsilon_\perp < 0$。这种超材料已经由普林斯顿大学的一个研究团队在中红外领域[159]实现。最近，Naik 等报道了一种基于上述单轴各向异性体系[160]的近红外 Al/ZnO/ZnO 超材料。

本书提出一种基于各向异性超材料反射模式的多目标粒子束传感器，给出了四层反射系统的反射率表达式，并通过仿真结果分析了 MCOW 传感器的特性。

5.5.2　模型与分析

MCOW 结构示意图如图 5-23 所示，由熔覆层、超材料、Ag 层和衬底四层组成。这些层的相对介电常数分别为 ε_1、ε_2、ε_3 和 ε_4，相对磁导率分别为 $\mu_1 = \mu_2 = \mu_3 = \mu_4 = 1$。这里的第二层由各向异性超材料组成，即

$$\varepsilon_2 = \varepsilon_0 \begin{pmatrix} \varepsilon_p & & \\ & \varepsilon_p & \\ & & \varepsilon_\perp \end{pmatrix} \tag{5-22}$$

当其中 $\varepsilon_p > 0$ 和 $\varepsilon_\perp < 0$ 时，假设有损耗的超材料 $\varepsilon_p = \varepsilon_{pr} + i\varepsilon_{pi}$ 和 $\varepsilon_\perp = \varepsilon_{\perp r} + i\varepsilon_{\perp i}$。

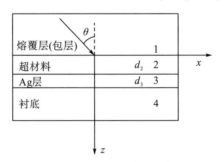

图 5-23　MCOW 结构示意图

假设一束 P 偏振光注入包层和超材料层的界面，利用传递矩阵法可得该结构的反射率为[161]

$$R_{\text{total}} = \left| r_{\text{total}} \right|^2 = \left| \frac{r_{12} + r_{234} \exp(2\mathrm{i}k_{2z}d_2)}{1 + r_{12}r_{234} \exp(2\mathrm{i}k_{2z}d_2)} \right|^2 \tag{5-23}$$

其中，

$$r_{ij} = \frac{k_{iz}/\varepsilon_i - k_{jz}/\varepsilon_j}{k_{iz}/\varepsilon_i + k_{jz}/\varepsilon_j}, \quad i,j=1,2,3,4 \tag{5-24}$$

$$k_{jz}^2 = k_0^2(\varepsilon_j\mu_j - k_x^2), \quad j=1,3,4 \tag{5-25}$$

其中，$k_x = k_0\sqrt{\varepsilon_1\mu_1}\sin\theta$，$k_{2z}^2 = k_0^2(\varepsilon_p\mu_2 - \varepsilon_p/\varepsilon_\perp \cdot k_x^2)$ 和 $r_{234} = \dfrac{r_{23} + r_{34}\exp(2\mathrm{i}k_{3z}d_3)}{1 + r_{23}r_{34}\exp(2\mathrm{i}k_{3z}d_3)}$。

由于超材料是单轴各向异性的，故式(5-23)中 $\varepsilon_2 = \varepsilon_p$。将 ε_1、ε_2、ε_3 和 ε_4 替换为 μ_1、μ_2、μ_3 和 μ_4，即可得到 TE 偏振光的表达式。

5.5.3 仿真结果及讨论

选择参数 $\lambda = 2\,\mu\mathrm{m}$，$d_2 = 0.96\,\mu\mathrm{m}$，$\varepsilon_1 = 2$，$\varepsilon_p = 1.5 + 0.2\mathrm{i}$，$\varepsilon_\perp = -2 + 0.2\mathrm{i}$，$\varepsilon_3 = -16 + 0.52\mathrm{i}$，$\varepsilon_4 = 1.15$。为了清楚地认识熔覆层和衬底的损耗补偿效应，本节利用三维曲线来表示入射角、Ag 层厚度和反射率之间的关系如图 5-24 所示。从图 5-24 中可以发现，当 d_3 接近零时，反射率没有下降。随着 d_3 的增加，出现了平缓的坡度，并且坡度增大的幅度变缓。众所周知，MCOW 传感器测量的是当波导其他参数不同时反射倾角的角位移，因此反射倾角越高越有助于提高其灵敏度。这一现象表明，较厚的金属层有助于获得更尖锐的反射倾角，这与使用各向同性超材料[161]时有所不同。

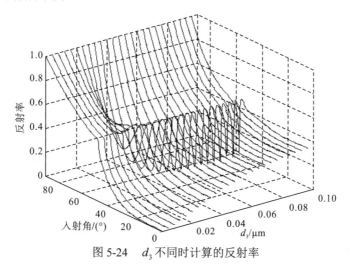

图 5-24 d_3 不同时计算的反射率

为了显示在不同材料厚度时 MCOW 传感器发出的 TM 偏振光的反射率，这里选择 $\lambda = 2\,\mu\mathrm{m}$，$d_3 = 0.08\,\mu\mathrm{m}$，$\varepsilon_1 = 2$，$\varepsilon_p = 1.5 + 0.2\mathrm{i}$，$\varepsilon_\perp = -2 + 0.2\mathrm{i}$，$\varepsilon_3 = -16 + 0.52\mathrm{i}$ 和 $\varepsilon_4 = 1.1$，对应的入射角、超材料层厚度与反射率的三维曲线如图 5-25 所示。与图 5-24

相比，图 5-25 在超材料为 1μm 的厚度变化中，曲线的变化趋势更加明显。从图中可以发现，当 $d_2 < 0.7\,\mu m$ 时没有出现明显的反射率倾斜，同时随着 d_2 的增加产生了平缓的反射率倾斜，并逐渐变得越来越陡。最后，当 $d_2 > 0.94\,\mu m$ 时，反射率下降并开始减弱，然后消失。这里必须强调的是，实际上目前还没有厚度小于 1μm 的超材料[160]。

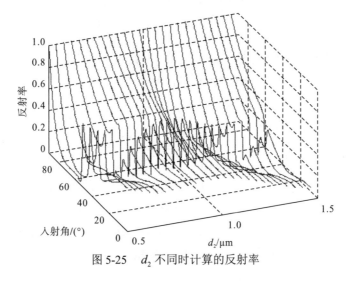

图 5-25　d_2 不同时计算的反射率

下面考虑衬底介电常数对入射光反射率的影响。选择 $\lambda = 2\,\mu m$，$d_3 = 0.96\,\mu m$，$d_3 = 0.08\,\mu m$，$\varepsilon_1 = 2$，$\varepsilon_p = 1.5 + 0.2i$，$\varepsilon_\perp = -2 + 0.2i$ 和 $\varepsilon_3 = -16 + 0.52i$，图 5-26 为入射角、衬底相对介电常数与反射率的三维曲线。从图中可以发现，随着 ε_4 的增加，尖锐的反射率倾角逐渐变平变浅，然后消失。当 $\varepsilon_4 > 1.68$ 时，输出反射率随入射角的增加而单调增加。

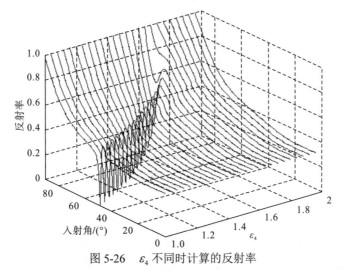

图 5-26　ε_4 不同时计算的反射率

再考虑包层的折射率，所得入射角、包层相对介电常数与反射率的三维曲线如图 5-27 所示。这里选择 $\lambda = 2\,\mu m$ ， $d_3 = 0.08\,\mu m$ ， $\varepsilon_p = 1.5 + 0.2i$ ， $\varepsilon_\perp = -2 + 0.2i$ ， $\varepsilon_3 = -16 + 0.52i$ ， $\varepsilon_4 = 1.1$ 。从图中可以看出，除反射率最低的入射角随 ε_1 的增大而减小外，其他曲线反射率的下降幅度并没有明显变化。此外，当 ε_1 较大时，反射率下降得比之前更明显。

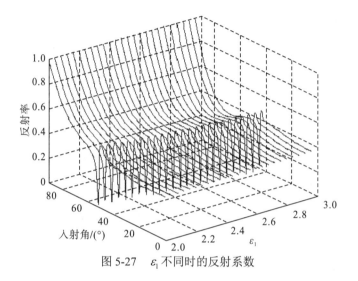

图 5-27　ε_1 不同时的反射系数

为了探究光的频率对反射率的影响，这里考虑入射光的波长，如图 5-28 所示。这里选择 $\varepsilon_1 = 2$ ， $d_3 = 0.96\,\mu m$ ， $d_3 = 0.08\,\mu m$ ， $\varepsilon_p = 1.5 + 0.2i$ ， $\varepsilon_\perp = -2 + 0.2i$ ， $\varepsilon_3 = -16 + 0.52i$ 和 $\varepsilon_4 = 1.1$ 。从入射角、入射光波长与反射率关系的三维曲线可以看出，随着 λ 的增加，反射率倾角越来越平缓，而反射率最低的入射角也逐渐减小。

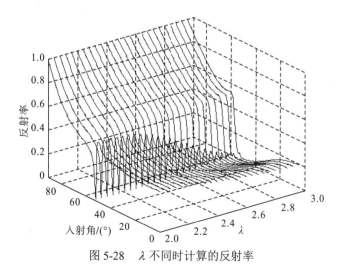

图 5-28　λ 不同时计算的反射率

由于超材料总是强损耗的，本节考虑介电常数虚部的影响，如图 5-29 所示。这里选择 $\lambda = 2\,\mu m$ ，$\varepsilon_1 = 2$ ，$d_3 = 0.96\,\mu m$ ，$d_3 = 0.08\,\mu m$ ，$\varepsilon_p = 1.5 + \varepsilon_{2i}\mathrm{i}$ ，$\varepsilon_\perp = -2 + \varepsilon_{2i}\mathrm{i}$ ，$\varepsilon_3 = -16 + 0.52\mathrm{i}$ 和 $\varepsilon_4 = 1.1$ 。从图中可以发现，随着 ε_{2i} 的增加，输出光的相关度显著降低。与此同时，当使用吸收较强的超材料时，反射率的倾斜越来越平缓。此外，一个有趣的现象出现了，在入射角几乎不变的情况下，最低反射率突然出现，这可以解释为介电常数的虚部对倾角偏移的影响很小，但对全反射的影响较大。

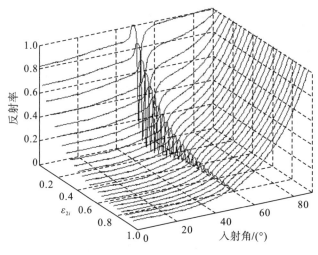

图 5-29 ε_{2i} 不同时计算的反射率

5.6 本 章 小 结

本章研究了多层光波导折射率传感，主要研究了以下几个方面内容。

(1) 本章提出了一种基于金属-绝缘体-金属(MIM)波导定向耦合的折射率传感器,用于测量绝缘体的折射率变化,该传感器采用金属-绝缘体-金属-绝缘体-金属(MIMIM)结构，可激发 SPW。利用耦合模理论分析了其传输特性，推导了耦合系数、耦合长度和灵敏度的表达式，还讨论了基于仿真结果的传感特性。结果表明：与介质波导相比，采用 MIMIM 波导的传感器的总尺寸约为采用介质材料的传感器的 1/10，而灵敏度却提高了 10 倍以上。

(2) 本章提出了一种基于五层波导模式干涉的折射率传感器。利用耦合模式理论分析了波导的传输特性，并根据仿真结果探讨了波导作为折射率传感器的作用。考虑到传感器的灵敏度和尺寸之间的平衡，可以得到一个非常紧凑的 10.8μm×1μm 器件，折射率在 1.455 左右变化的折射率传感分辨率可以达到 2.25×10^{-5} RIU。

　　(3)本章提出了一种基于 $Ce_1Y_2Fe_5O_{12}$(Ce:YIG)、贵重金属 Au 和一维光子晶体(1D-PC)的高灵敏度磁光表面等离子体共振传感器。我们发现,由于 Ce:YIG 的强磁光效应和一维光子晶体引起的超远距离表面等离子体传播,传感器对甲烷浓度变化的灵敏度达到最大值 178.2/1%。这些结果表明该结构在甲烷检测中有很大的应用潜力。

　　(4)本章提出了一种基于 DNG 波导层的棱镜-波导耦合系统的折射率检测结构。在这种结构中,当样品的折射率不同时,入射光在不同的入射角会产生较大的横向位移。基于此,可以根据入射光出现横向位移峰的位置计算出样品的折射率。仿真结果显示了这两种情况的不同性质,即当样本是有损耗的,一旦固有阻尼和辐射阻尼满足方程的充分条件,那么当其他参数固定时,在不同的入射角处将出现多个横向位移峰。

　　(5)本章提出了一种基于四层结构的各向异性超材料 MCOW 传感器,给出了四层反射系统的反射率表达式,并通过仿真结果分析了 MCOW 传感器的特性。与各向同性材料相比,各向异性材料具有许多不同的特性。从中可以发现,该传感器的 6 个不同参数对反射率的变化具有不同的影响,这为该传感器的设计提供了更大的灵活性。

第6章 基于光波导器件的折射率传感

生化传感器因体积小、化学和生物相容性好、电磁敏感性强等优点，在医学和环境应用中具有越来越广泛的应用价值[162-164]。它在快速、廉价、便携式医疗设备、现场即时诊断和医疗保健应用[165-168]方面拥有巨大的发展潜力。理想的生化传感器必须具有高灵敏度、快速响应、小尺寸、便携性及低成本等特点。

由于现代生化传感器应具有高选择性、高灵敏度、结构紧凑等特点，因此研究者采用各种光学方法来实现这些要求，如光纤传感器、DC、马赫-曾德尔干涉仪（Mach-Zehnder interfero meter，MZI）、环形谐振器及表面等离子激元共振（SPR）等[160-172]。光学生化传感器基本上可以认为是光源和探测器之间的光传输器件。光学生化传感通常利用当分析物的性质发生变化时，透射光的功率、光谱、偏振等也会随之改变的机理。在各种技术中，DC 是近年发展的一种广泛应用于生化传感器的方法，其由相距很近的两个或多个波导组成，通过耦合作用进行光波能量的交换与转移。在文献[162]中研究了由折射率变化引起输出功率变化的情况。本章基于耦合模理论，研究了采用硅波导和 MIM 波导的两种定向耦合，并分析了其在折射率传感方面的特性和应用。

6.1 基于硅波导的定向耦合折射率传感器

本节提出一种基于硅波导 DC 结构的扫描波长法。通过 SiO_2 波导的色散可补偿由葡萄糖溶液浓度引起的折射率变化，以保持直流耦合长度不变。在该方法中，可以通过峰值波长的变化检测折射率，从而获得葡萄糖溶液的浓度。针对不同 DC 的结构参数，本节研究了折射率传感器的灵敏度和分辨率。

如图 6-1 所示，在具有 DC 结构的折射率传感器中，折射率为 n_1 的 SiO_2 波导被折射率为 n_2 的葡萄糖溶液包围，以便在传感区域中测量。d_1 和 d_2 分别表示 SiO_2 波导的厚度及其间隔。根据耦合模理论，假设样品为水（$n_0=1.333$），如果 DC 的长度等于耦合长度，那么波长为 λ_0 的光从端口 P_{in} 入射后，将被完全耦合到端口 2 出射，此时 P_{out1} 为零，P_{out2} 为最大。

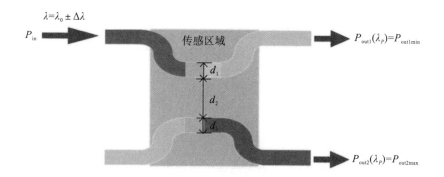

图 6-1　基于硅波导的定向耦合折射率传感器

当样品为葡萄糖溶液时，不同的浓度将使 DC 的耦合长度改变，端口 1 的输出 (P_{out1}) 将不为 0。这种情况下，当葡萄糖溶液的浓度改变时，可通过改变入射光的波长以保持耦合长度不变。在特定波长 λ_p（峰值波长）下，将得到 P_{out1} 的最小值和 P_{out2} 的最大值。此原理基于 SiO_2 波导的色散关系：

$$n_1^2 = \frac{0.6961663\lambda^2}{\lambda^2 - 0.0684043^2} + \frac{0.4079426\lambda^2}{\lambda^2 - 0.1162414^2} + \frac{0.8974794\lambda^2}{\lambda^2 - 9.896161^2} + 1 \tag{6-1}$$

因此，可以建立葡萄糖溶液浓度与峰值波长之间的关系，从而实现折射率传感。

根据 2.1 节给出的关于耦合长度的计算公式，可得 d_1 和 d_2 在 0.5～2μm 变化时的耦合长度，如图 6-2 所示。

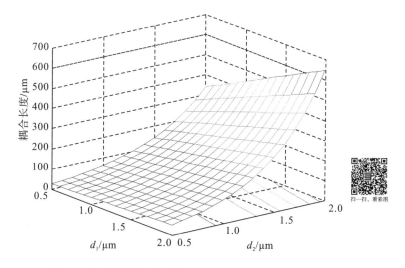

图 6-2　定向耦合传感器在不同波导厚度和间隔下的耦合长度

由图可知，当波导厚度 d_1 一定时，耦合长度随波导间隔 d_2 的增大而增大。这主要是因为波导间隔增大时将减弱耦合作用，从而增大耦合长度。同时还发现，当波导厚度增加时，耦合长度也增大。这表明当波导间隔一定时，波导厚度的增加也会使耦合长度增大。根据仿真，可得输出端口 P_{out1} 和 P_{out2} 的值。

需要强调的是，由于 DC 不可避免地存在损耗，P_{out2} 的最大值始终小于 P_{in}。输出功率的损耗可能由传感区域折射率的变化引起，也可能由材料和样品的吸收引起。图 6-3 和图 6-4 给出了端口 1 和端口 2 的输出功率。要得到准确的峰值波长，必须找出端口 1 的最小输出功率或端口 2 的最大输出功率。图 6-3、图 6-4 中输出功率的单位以分贝表示。从图中可以发现，图 6-3 中的峰值波长更易确定。这也是选择端口 1 而非端口 2 的输出功率作为检测参数的原因。

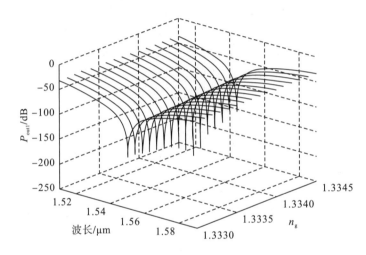

图 6-3　不同波长和折射率下端口 1 的输出功率

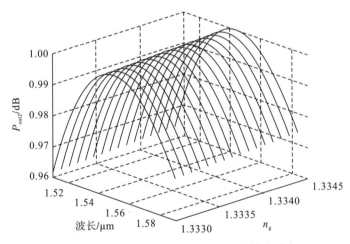

图 6-4　不同波长和折射率下端口 2 的输出功率

下面研究入射光中心波长和 DC 参数对传感器灵敏度和分辨率的影响。

定义传感器的灵敏度为

$$S_{RIU} = d\lambda_p / dn_g \tag{6-2}$$

假设可调激光器的分辨率为 0.1nm，则传感器的分辨率为

$$Res = 0.1/S_{RIU} \tag{6-3}$$

所选参数为：生化传感中常用波长 $\lambda_0=0.78\mu m$，$d_1/d_2=0.2$，d_1 分别为 0.7μm、0.8μm 和 0.9μm，计算可得在不同波导厚度 d_1 和间隔 d_2 下，折射率由 1.331 变化到 1.53 时的峰值波长，如图 6-5 所示。由图可知，随着 d_1 和 d_2 的增加，峰值波长和耦合长度将变大。当 $d_1=0.7\mu m$，样品折射率变化为 0.002 时，峰值波长移动了 5nm。由式(6-2)和式(6-3)中灵敏度和分辨率的定义式可得，图 6-5(a)中的灵敏度为 2500nm/RIU，分辨率为 4×10^{-5}。当 d_1 从 0.7μm 增至 0.9μm 时，峰值波长的变化值小于 5nm，而耦合长度由 1.435mm 增至 15.21mm，而且灵敏度也略微下降，但变化并不明显。因此，通过改变折射率传感器的厚度并不是提高其灵敏度的有效方法。

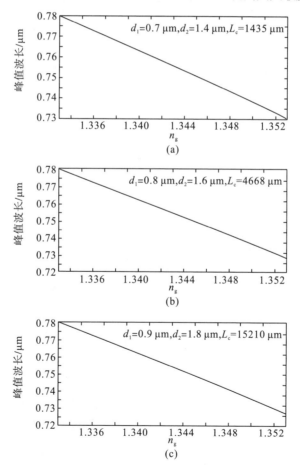

图 6-5　当 $\lambda = 0.78\mu m$ 时，样品折射率变化范围相同时的峰值波长

当其他参数保持不变，入射光选择光通信中的典型波长 $\lambda_0=1.55\mu m$ 时的计算结果如图 6-6 所示。与图 6-6 相比，在相同的波导厚度和间隔下，DC 的耦合长度大幅减小。因此，较长的中心波长可以使传感器的结构更为紧凑。当 $d_1=0.7\mu m$ 时，图 6-5(a)中的耦合长度为 1435μm，而在图 6-6(a)中则降至 66.06μm。同时传感器的灵敏度和分辨率也比 $\lambda=0.78\mu m$ 时有所提高。当 $d_1=0.9\mu m$，样品折射率变化 0.02 时，峰值波长移动了 80nm。灵敏度和分辨率分别为 4000nm/RIU 和 2.5×10^{-5}。因此，选择 $1.55\mu m$ 作为中心波长可以提高传感器的灵敏度并缩小传感器尺寸。

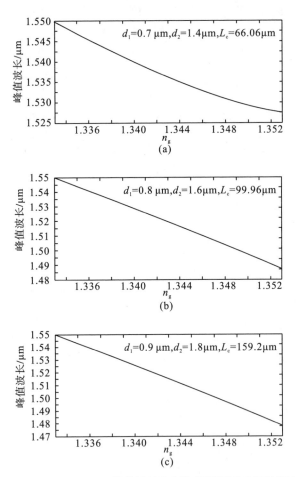

图 6-6   当 $\lambda=1.55\mu m$，样品折射率变化范围相同时的峰值波长

综上可知，d_1、d_2 的减小和 L_c 的增大将提高折射率传感器的灵敏度。假设入射波长仍为 $1.55\mu m$，选择 d_1 为 $1\mu m$、$1.5\mu m$ 为 $2\mu m$，$d_1/d_2=0.5$，相应的峰值波长如图 6-7 所示。图 6-7(c)中的耦合长度为 70.190mm，灵敏度的最大值约为 5500 nm/RIU，相应的分辨率约为 1.8×10^{-5}。

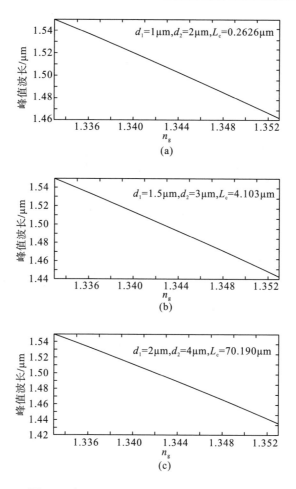

图 6-7　当 λ =1.55μm，d_1/d_2=0.5 时的峰值波长

　　最后，考虑 DC 传感器具有相同波导厚度和间隔的情况，即 d_1/d_2=1，如图 6-8 所示。

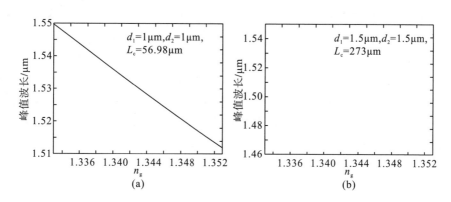

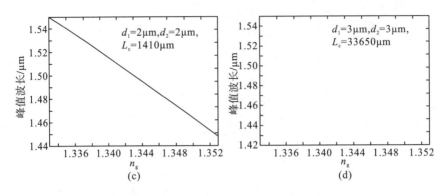

图 6-8　当 $\lambda=1.55\mu m$，$d_1/d_2=1$ 时的峰值波长

根据图 6-7 中 $d_1/d_2=0.5$ 的计算结果，当波导厚度相同时，耦合长度将极大地减小。这主要是因为当波导间隔减小时，耦合系数增大，耦合长度将变小。对比图 6-7 和图 6-8，对于相同的 d_1，峰值波长的移动减小，从而使折射率传感器的灵敏度和分辨率都变差。对比图 6-7(c) 和图 6-8(d)，从中可以发现两者的灵敏度(约为 5500nm/RIU)和分辨率(约为 1.8×10^{-5})基本相等。而耦合长度在 $d_1/d_2=1$ 时为 33.65mm，比 $d_1/d_2=0.5$ 时 70.19mm 的一半还小。

6.2　基于硅波导热光检测机理的定向耦合生物传感器

在过去的几十年里，为了检测低浓度的化学和生化物质，人们对生物传感领域的兴趣迅速增长[162,172,173]。生物传感器有望开发快速、廉价、便携式生物医学设备，用于实时诊断和医疗保健应用[174-178]。作为一种理想的生物传感器，它必须具有灵敏度高、反应速率快、体积小、便携式好、成本低等特点。为了满足这些要求，相继研究了许多光学方法，如光纤[179]、DC[180]、Mach-Zehander(MZI)[181]、环形谐振器[182]和表面等离子体共振(SPR)[179,180]。在众多的传感技术中，直流电法是近年来开发生化传感器中应用最广泛的方法之一。然而，对于低浓度液体的测量，其折射率变化很小，这可能会带来无法检测的输出功率变化。在这种情况下，传感器的灵敏度将极大地降低。

本节提出一种基于硅波导热光检测机理的葡萄糖溶液浓度直流生物传感器。通过精确调节 SiO_2 的温度来补偿由葡萄糖溶液浓度引起的折射率变化，以保持直流耦合长度不变。该方法可以通过相应的补偿温度来检测折射率，从而得到葡萄糖溶液的浓度。

6.2.1　生物传感机理、理论分析和计算结果

在如图 6-9 所示的具有直流结构的生物传感器中，样品 (n_0) 将被测硅注入传感区域，并将一个硅 (n_1) 波导通过加热器进行调制。这里利用 d_1 和 d_2 分别表示 SiO_2 波导的宽度及其之间的间距。当感应区域充满纯水 $(n_0=1.333)$，DC 的耦合长度为 L_c 时，将浓度不同的葡萄糖水 $(n>n_0)$ 注入传感区域，此时耦合长度将改变。因此，端口 1 和端口 2 的输出功率也将有微小的变化。此时，如果调整硅波导的温度，使直流电晶体的耦合长度保持不变，这时两个端口的输出功率就会与传感区域充满纯水时的情况相同。这种方法称为结构的热光补偿效应。例如，选择直流长度作为传感区与纯水的耦合长度，那么入射光将完全耦合到端口 2。这意味着 P_{out1} 为 0 而 P_{out2} 具有最大值。由于不同浓度的葡萄糖样品在 DC 中可使耦合长度发生变化，所以端口 1 (P_{out1}) 为零。利用加热装置精确调制 SiO_2 波导的温度，可以改变 SiO_2 的折射率。因此，耦合长度可以由硅的温度进行调节，并有可能将其调整回原始值而保持 P_{out1} 仍然是零。用这种方法可以得到样品的折射率与调制温度之间的关系。根据折射率与葡萄糖溶液浓度[178]的关系，由调制温度可以得到葡萄糖溶液的浓度。

必须强调，由于在 DC 中不可避免地存在功率损失，所以 P_{out2} 总小于 P_{in}。输出功率损失可能是由传感区的折射率变化或材料和样品的吸收引起的。在检测中，我们主要关注补偿温度的变化，以保持输出与多次实验中的相同。因此，直流中可能的损耗对灵敏度和分辨率没有影响。

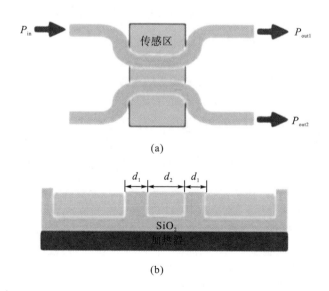

(a)

(b)

图 6-9　直流结构生物传感器：(a)俯视图；(b)截面图

DC 的耦合效应可以通过偶模和奇模之间的干涉现象来分析，当忽略高阶模时，DC 中的电场可以用偶模和奇模之和来近似。这里利用 β_e 和 β_o 分别表示偶模和奇模的传播常数，其可以通过求解下列方程得到

$$2u = arc\tan\left(\frac{n_1^2 w}{n_0^2 u}\right) + arc\tan\left[\frac{n_1^2 w}{n_0^2 u}\tanh\left(\frac{d_2}{d_1}w\right)\right] \quad (\text{偶数模式}) \tag{6-4}$$

$$2u = arc\tan\left(\frac{n_1^2 w}{n_0^2 u}\right) + arc\tan\left[\frac{n_1^2 w}{n_0^2 u}\coth\left(\frac{d_2}{d_1}w\right)\right] \quad (\text{奇数模式}) \tag{6-5}$$

式中，$u = d_1\sqrt{n_1^2 k_0^2 - \beta^2}\big/2$ ①，$w = d_1\sqrt{\beta^2 - n_0^2 k_0^2}\big/2$ ②。在上述 u 和 w 的表达式中，β 在式①中表示 β_e，在式②中表示 β_0。

五层波导的耦合长度为

$$L_c = \pi/(\beta_e - \beta_0) \tag{6-6}$$

得到相应的模的耦合系数为

$$\kappa = \pi/2L_c = (\beta_e - \beta_0)/2 \tag{6-7}$$

为了简单起见，假设 β_e 等于 β_e 和 β_0 的一个不同的微扰，β_0 定义为平板波导的传播常数，可以通过求解方程来计算，即

$$u_0 = arc\tan(w_0/u_0) \tag{6-8}$$

可得耦合系数为

$$\kappa = \frac{4u_0^2 w_0^2}{\beta_0 d_1^2 (1 + w_0^2) v_0^2}\exp\left(\frac{2d_2}{d_1}w_0\right) \tag{6-9}$$

其中，$v_0^2 = k_0^2 d_1^2 (n_1^2 - n_0^2)\big/4$，耦合长度为

$$L_c = \frac{\pi}{2\kappa} = \frac{\beta_0 d_1^2 (1 + w_0^2) v_0^2 \pi}{8u_0^2 w_0^2}\exp\left(-\frac{2d_2}{d_1}w_0\right) \tag{6-10}$$

输出功率可定义为

$$P_{\text{out1}} = \cos^2(\kappa z)P_{\text{in}} \tag{6-11}$$

$$P_{\text{out2}} = \sin^2(\kappa z)P_{\text{in}} \tag{6-12}$$

在所设计的传感器中，选择 DC 的长度作为传感器与纯水的耦合长度。此时，输入功率将完全耦合到 P_{out2}，P_{out1} 中的光电探测器无法检测到任何功率。

当测量不同浓度的葡萄糖样品时，DC 的耦合长度会发生变化。由于 SiO$_2$ 的折射率随温度的变化而变化，葡萄糖诱导的 Δn_0 可以通过 SiO$_2$ 的热光效应进行补偿，以保证耦合长度不变。通过适当调制硅波导的温度，可使输出结果与样品为纯水时相同（$n_0 = 1.333$）。

在如图 6-9 所示的结构中，加热器应用在相当薄的硅波导下。与硅相比，被检测液体的体积要大得多，热传导速率要小得多。在本书所设计的传感器中，假设温度变化在 30℃ 左右，水的折射率变化比硅的折射率变化要小得多。因此，

在检测过程中可以忽略待检测液体折射率的变化。另外，众所周知，水的沸点在 100℃。本书所设计传感器的温度变化范围是 20～50℃。此外，我们的传感器加热速率相当快。因此，加热快、时间短，所以液体蒸发少、气泡少，在检测过程中可以忽略待检测液体的蒸发和气泡，故加热对传感器精度的影响可以忽略不计。

下面探讨调制温度 ΔT 与折射率变化 Δn_0 之间的关系。对于一个固定温度变化的 ΔT，Δn_0 可以通过解下列方程来确定，即

$$\frac{\beta_t d_1^2 (1+w_t^2) v_t^2 \pi}{8 u_t^2 w_t^2} \exp\left(-\frac{2d_2}{d_1} w_t\right) = \frac{\beta_0 d_1^2 (1+w_0^2) v_0^2 \pi}{8 u_0^2 w_0^2} \exp\left(-\frac{2d_2}{d_1} w_0\right) \tag{6-13a}$$

$$u_t = arc\tan\left(\frac{w_t}{u_t}\right) \tag{6-13b}$$

式中，$u_t = d_1\sqrt{n_{1t}^2 k_0^2 - \beta_t^2}\Big/2$，$w_t = d_1\sqrt{\beta_t^2 - n_{0t}^2 k_0^2}\Big/2$，$n_{1t} = n_1 + \Delta T \cdot \mathrm{d}n_1/\mathrm{d}T$，$n_{0t} = n_0 + \Delta n_0$。

事实上，式(6-13)并不总是有解。Δn_0 和 L_c 或 ΔT 和 L_c 之间的关系存在一些可能的条件：①随着 Δn_0 的增加，L_c 增加；②随着 Δn_0 的增加，L_c 减小；③随着 ΔT 的增加，L_c 增加；④随着 ΔT 的增加，L_c 减小。

在满足条件①和条件③的情况下，方程无解，说明该方法不适用于折射率传感。当条件①和条件④或条件②和条件③同时满足时，方程有一个 ΔT 的固定解。

必须强调，为了使传感器工作在单模波导中，硅芯的厚度应满足方程

$$d_1 \leqslant d_{1\text{cut}} = \frac{\lambda_0}{2\sqrt{n_1^2 - n_0^2}} \tag{6-14}$$

式中，$d_{1\text{cut}}$ 为截止厚度。这就是单模传播条件。

6.2.2　仿真结果与分析

下面通过仿真结果来讨论传感器的设计性能。例如，选择 $\lambda = 1.55\mu\text{m}$，$d_1 = 1.3$ μm，$d_2 = 3\,\mu\text{m}$，$n_0 = 1.333$，$n_1 = 1.444$，将 DC 的耦合长度作为设备长度。这里的截止厚度约为 1.40μm，因此选择硅的厚度为 1.3μm，以满足单模传播条件。端口 1 的输出功率与输入功率之比如图 6-10 所示。从图中可以发现，随着折射率的增加，直流电的耦合长度缩短，端口 1 的输出功率增加。然而，在这种情况下，输出功率的变化是相当小的，很难检测。同时，耦合长度约为 2.65 mm，相对较长，难与其他设备集成。

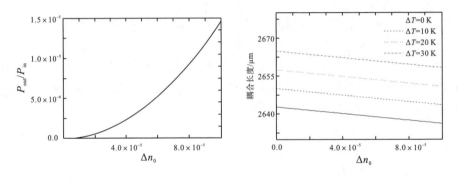

图 6-10   不同试样的耦合长度对于不同折射率和温度的输出功率比 P_{out1}/P_{in}

考虑硅波导的热光效应，选择热光系数 $dn_1/dT=1.0\times10^{-5}/K$，不同温度下的耦合长度如图 6-10 所示。从图中可以发现，耦合长度接近 3mm，由于尺寸过大，不能作为一个紧凑的生物传感器。因此，必须采取措施来缩短设备的长度。

通过以上讨论可知，不需要选择直流长度作为耦合长度。在改进方案中，选择光电探测器(Thorlabs S155C)[183]，检测范围为-60～13dBm，分辨率为-70dBm。设 DC 长度为 L_0，通过 P_{out2} 的值等于最小的检测值，可得

$$P_{out2} = P_{in} \sin^2\left[L_0/L_c \cdot \pi/2\right] = 1\,\text{nW} \tag{6-15}$$

可以得到

$$\sin^2\left[L_0/L_c \cdot \pi/2\right] = P_{out2}/P_{in} = 10^{-7} \tag{6-16}$$

根据式(6-15)，假设输入功率为 10mW，可以得到 $L_0= 0.0181L_c$。当 $d_1=1.3\,\mu m$，$d_2=3\,\mu m$，$n_0=1.333$ 时，耦合长度为 $2650\,\mu m$，这里 $L_0= 48\mu m$。同时，选择传感器的宽度为 30μm，以确保有足够的液体注入传感器。

从图 6-10 可以发现，随着 n_G 的增加，耦合长度减小，温度升高，耦合长度将增大。该现象验证了式(6-10)有解的条件，即条件②和条件③。为了方便起见，图 6-11 给出了 Δn_G 和 ΔT 之间的关系。从图中可以得到不同葡萄糖溶液浓度的折射率。

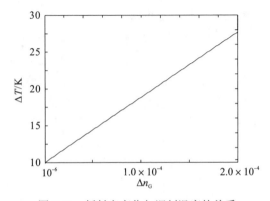

图 6-11   折射率变化与调制温度的关系

最后讨论该传感器的分辨率。假设加热器可控制的最小温度为 0.1K，分辨率为

$$\mathrm{Res} = 0.1 \cdot \mathrm{d}n_\mathrm{G}/\mathrm{d}T \tag{6-17}$$

在这种情况下，分辨率约为 10^{-6} RIU。当葡萄糖溶液浓度为 1mg/dL 时，折射率为 1.333001[182]，可认为最低检测浓度为 1mg/dL。对于葡萄糖浓度为 200mg /dL 的液体，折射率约为 1.3334。因此，本书设计的传感器非常适合检测浓度 1~200mg/dL 的葡萄糖溶液。

在此必须强调的是，在分析生物传感机理的基础上，生物传感器表现出了对制造环境或仪器波动的耐受能力[184,185]。这是因为本书所设计传感器的工作原理是基于温度补偿的方法。一旦制作成直流传感器并放置在测量环境中，原始输出功率就会影响。该传感结构基于补偿温度，消除了输出功率的变化。因此，制作环境或仪器波动可能会带来其与理论值的偏差，但对灵敏度和分辨率并没有影响。另外，本书假设温度变化幅度为 30℃，可检测的折射率变化约为 3×10^{-4}。仿真结果表明，热调谐范围决定了样品指数的可检测范围，可控的温度精度决定了分辨率。综上所述，本书所设计的传感器对制造环境或仪器波动具有良好的耐受能力，可调温度范围在传感范围中起着至关重要的作用。

6.2.3　制作方法及系统等效电路

在文献[186]中，硅波导的热光效应可用于高速光信号处理中开关的设计和制作。本书所设计的生物传感器可以用同样的方法制作：在硅片上热形成一个 15μm 厚的 SiO₂ 层，以光学办法隔离核心波导层和硅层。采用等离子体增强化学气相沉积（plasma-enhanced chemical vapor deposition，PECVD）沉积 Ge 掺杂 SiO₂ 核心层，并退火处理。使用标准光刻法对波导结构进行图形化，反应离子刻蚀（reactive ion etching，RIE）用来定义脊线。

然后，使用文献[187]中的方法对硅波导进行加热。温度可通过底部 0.5μm 厚的铝加热器进行控制，并放置在硅表面。铝采用电子束蒸发沉积，可用于探测垫并与波导电气相连接。它的电路图采用标准的光刻和湿化学蚀刻。用于加热波导的电压在 Si 衬底和波导之间产生电场，这就产生了由外加电压控制的焦耳热效应。

在文献[186]中，基于硅的热光效应的开关的响应时间约为几毫秒。本书所提出的生物传感器可能需要更多的时间来确保输出功率不变，这取决于光电探测器的响应时间（大约几毫秒）。因此，它可能会花一定时间来确定温度。为了方便，本书设计了一个反馈回路来实现温度补偿。它由一个电压控制的电压源和一个运算放大器组成，用以比较输出功率与原始值。系统相应的等效电路如图 6-12 所示。

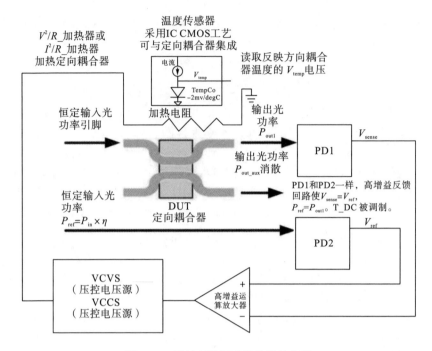

图 6-12   折射率检测系统的等效电路

检测系统由负反馈回路、基准电压发生器和温度传感器组成。负反馈回路由光电探测器(PD1)、高增益 OpAmp、压控电压源(VCVS)、加热电阻和直流电路组成。参考电压(V_{ref})由完全类似于光电检测器(PD1)的另一个光电检测器(PD2)产生，同时位于所述 DC 附近的温度传感器来检测直流电的温度并输出与温度(V_{temp})相对应的电压。为了保证温度传感的精度，整个系统可以(容易)在标准 CMOS 工艺制作的同一模具中实现[188,189]。系统工作原理如下。测试光功率(P_{in})注入直流电的上波导，参考输入光功率(P_{ref})低于 P_{in}(即 99% P_{in})输入PD2。参考电压(V_{ref})由 PD2 产生，感知电压(V_{sense})由 PD1 产生，PD1 对应于 P_{out1}。反馈回路使得 V_{sense} 等于 V_{ref}。因为 PD1 和 PD2 相同，所以 $P_{out1}=P_{ref}$。当传感材料诱发 DC 的反射指数发生变化时，反馈回路将改变加热电阻上的电压，并调节直流的耦合长度，从而进一步调节 P_{out1}。在调节后，P_{out1} 一直等于预设的 P_{ref}，引脚 P_{out_aux} 的超出部分从直流的下波导耗散。不同的传感材料将引起不同的直流内反射指数，从而使硅波导的温度不同。最终，测量的温度(V_{temp})对应于某一反射指数。

因此，本书提出了一种基于硅波导热光检测机理的用于检测低浓度葡萄糖溶液(1~200mg/dL)的定向耦合生物传感器，并讨论了基于定向耦合模式理论的生物传感器设计原则，推导了有效的生物传感器模型的条件，同时给出耦合长度、可检测折射率范围及在不同的硅宽度和分离距离下的传感分辨率的例子。计算结果表明，随着器件长度的增加，传感分辨率可以得到大幅提高。通过在耦合长度和折射率分辨率之间的权衡，可以得到一个尺寸为 48μm×30μm 且分辨率约为 10^{-6}RIU 的器件。本书所设计传感器对制造环境或仪器波动具有良好的耐受能力，因此在即时诊断和医疗保健应用中发挥着关键作用。

6.3　基于绝缘体上硅薄膜(SOI)波导热光效应的 MZI 折射率传感器

6.3.1　引言

在过去的几十年里，现代生物传感器得到了越来越多的关注。它不仅具有高度的选择性和灵敏性，而且体积小，易于操作。生物传感器的发展有望开发快速、廉价、便携式的生物医学设备，并将其用于医疗和环境领域的实时检测[190-194]。此外，芯片实验室系统需要实现大量高度集成的探针，以实现对制药或生物技术的高度平行测量。作为一种理想的生物传感器，必须具有灵敏度高、反应速率快、体积小、便携性好、成本低等特点。光纤[195]、DC[196]、MZI[197]、环形谐振器[198]和 SPR[199]等光学方法被相继开发出来。在众多的传感器技术中，MZI 是近年来在生物化学传感器开发中应用最为广泛的方法之一。MZI 可以将因生物分子结合所引起局部折射率的微小变化转化为消光光谱或输出功率的光谱位移[200]。这样使用简单和廉价的透射光谱学和电源就能实时、无标记地对生物分子的相互作用进行检测。上述 MZI 的其他研究小组的工作重点是需要金属层的等离子体传感器。由于金属是有损耗的，所以金属层的吸收降低了其灵敏度。到目前为止，报道的传感器的显示分辨率低至 10^{-5}，为了获得更高的分辨率和灵敏度，需要发展新的生物传感机理。2013 年，Dante 演示了一种 MZI 折射率传感器，它是通过改变低成本商用激光二极管的输出功率[201]来调制其发射波长。这种简单的相位调制方案在传感器的检测限为 1.9×10^{-7}RIU。

绝缘体上硅(silicon on insulator，SOI)波导结构在高速微处理器的光互连和用于波分复用的光电子片的控制电路等应用领域中具有非常广阔的应用前景。其特点是通信波长的光损耗小，并与 CMOS 技术和微机械器件完全兼容[202,203]。由于硅的热光效应明显大于其电光效应，因此调制 SOI 波导折射率是一种很有研究价值的方法。到目前为止，已经报道了许多不同的硅基热光器件。MZI 开关的上升/下降时间只有几微秒，加热功率可达 100 mW[204]。由于基于热光效应的器件具有低传输损耗、低成本、高稳定性、低功耗和非常大规模的集成度，因此热光效应成为设计硅波导光电子器件的一种新方法。

本书提出一种基于硅波导热光效应的液体折射率传感器。SOI 波导的热光效应可以补偿样品引起的相移，从而使传感区域的功率分布与基准液体保持相同。此外，本章还讨论了折射率传感器的灵敏度和分辨率。

6.3.2 传感机理、理论分析与讨论

在具有 MZI 结构的折射率传感器中(图 6-13)，两个硅波导被折射率为 n_0 (黄色区域)的硅包围。将待测折射率样品 n_S (绿色区域)注入传感区域，加热区域(红色区域)的加热器可以调制一个硅波导的温度，从而改变其折射率 n_1。加热臂内的温度可由位于硅[205]表面的厚度为 $0.5\mu m$ 的顶部的铝加热器控制。这里利用 d_1 和 d_0 分别表示硅波导的宽度及其之间的距离。通过适当调制传感区域的长度，两臂的相位差可以是 2π 的整数倍，在这种情况下输出功率是最大的。由于不同的样品可使两臂 MZI 的相位差发生变化，输出减少，所以利用该加热器精确地调节硅波导的温度可以改变硅的折射率。因此，MZI 的相位差可以通过硅的温度进行调制，并有可能将其调整回原值而保持 P_{out} 仍然是最大的。我们将这种现象称为热光补偿效应。通过这种方法，可以得到样品的折射率与调制温度之间的关系。根据折射率与液体浓度之间的关系可知，不同的调制温度决定了待测传感区域的折射率。在本书所设计的传感器中，可以通过调制温度以保持输出功率不变。这种调制过程可能需要一段时间才能达到稳定状态，这在热力学中可以理解为弛豫时间。此处，把这个时间称为调制时间，它可能需要几秒钟，因为硅和硅层的热传导速率较慢。

此外，该传感机理基于温度补偿效应。因此，本书主要通过调节温度来保持输出功率不变，无论输出功率是否达到最大。这意味着我们并不关心光的波长或通过波导的加热损耗。该传感器对波导中的波长偏移和功率损耗具有良好的容错能力，在复杂环境中具有广阔的应用潜力。

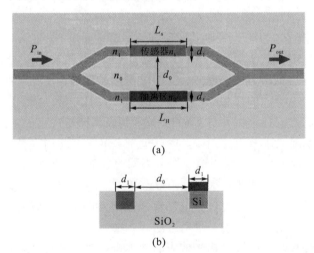

(a)

(b)

图 6-13 基于 MZI 的折射率传感器示意图：(a)俯视图；(b)传感区域中部轮廓

在设计传感器的结构和参数时，假设原传感区域充满基准折射率 n_R 的液体。在下面的分析中，假设传播波为 TM 模。为了保持输出功率最大，水引起的相移应是 2π 的整数倍，此时叠加最大。为了满足这个条件，必须保证传感面积的长度，从而得到一个条件，即

$$(\beta_0 - \beta_R)L_S = 2k\pi, \quad k = 1, 2, 3, 4, \cdots \tag{6-18}$$

式中，β_0 为加热臂内原始的传播常数；β_R 为充满基准液体时传感臂的传播常数。根据式(6-18)，传感面积的长度应满足条件：

$$L_S = \frac{2k\pi}{(\beta_0 - \beta_R)}, \quad k = 1, 2, 3, 4, \cdots \tag{6-19}$$

在测量样品时，由附加光程差引起的相移必须完全由硅波导的热光效应来补偿。该方法的输出功率分布与传感区域的水的功率分布保持一致。输出功率为

$$P_{out} = P_0 \cos^2 \left(\frac{\Delta\varphi}{2} \right) \tag{6-20}$$

式中，$\Delta\varphi$ 为检测样品时的相位差。它可以表示为

$$\Delta\varphi = (\beta_H - \beta_0)L_H - (\beta_S - \beta_R)L_S \tag{6-21}$$

为了使相移保持为零，必须保证相匹配条件：

$$(\beta_H - \beta_0)L_H = (\beta_S - \beta_R)L_S \tag{6-22}$$

式中，β_S 为传感区域填充样品时 SiO$_2$-水-SiO$_2$ 波导的传播常数 n_S；β_H 为 $n_1 = n_H$ 时的传播常数，n_H 可以表示为

$$n_H = n_1 + \Delta T \cdot \frac{\mathrm{d}n_1}{\mathrm{d}T} \tag{6-23}$$

由于 SiO$_2$ 也具有热光(thermo-optic, TO)效应，温度 $\left(n_0 + \Delta T \cdot \dfrac{\mathrm{d}n_0}{\mathrm{d}T} \right)$ 对折射率的影响较小。这里假设由样本引起的传播常数变化为

$$\Delta\beta_S = \beta_S - \beta_R \tag{6-24}$$

由温度变化引起的传播常数变化为

$$\Delta\beta_H = \beta_H - \beta_0 \tag{6-25}$$

式(6-22)可以写成

$$\frac{\Delta\beta_H}{\Delta\beta_S} = \frac{L_S}{L_H} \tag{6-26}$$

这表明 $\Delta\beta_H$ 和 $\Delta\beta_S$ 之间具有线性关系。$\Delta\beta_H$ 和 $\Delta\beta_S$ 是由加热臂(n_H)和传感臂(n_S)的折射率引起的，通过式(6-24)~式(6-26)可以得到 Δn_S 与 ΔT 的关系。

传感器的灵敏度为

$$S_{RIU} = \frac{\mathrm{d}T}{\mathrm{d}n_S} \tag{6-27}$$

根据式(6-27)可知，L_S/L_H 增加会缩小可检测的折射率范围。同时可以发现，

相同的折射率变化可使加热臂的温度变化更大，从而提高灵敏度。另外，L_S/L_H 的减小将扩大可检测的折射率范围，而相同的折射率变化可导致加热臂的温度变化较小，从而使其灵敏度变差。假设加热器的温度分辨率为 0.1 K，则折射率传感器的分辨率为

$$\gamma_{RIU} = 0.1/S_{RIU} \tag{6-28}$$

下面讨论调制温度和可检测的折射率变化的可能范围。为了增大 L_S/L_H，可以扩大感应面积的长度或缩短加热面积的长度。在这种情况下，对于一个固定的调制温度范围，可检测的折射率范围将减小。同时，对于一个固定的可检测的折射率范围，可以得到一个更大的调制范围。同时，对于固定的可检测的折射率范围，其所需的调制温度范围缩小。

本书选择 $n_0=1.444$，$n_1=3.48$，$n_R=1.45$，$dn_1/dT = 1.87\times10^{-4}/K$，$dn_0/dT = 1.0\times10^{-5}/K$[206]和 $d_1=1\mu m$。假设 MZI 两臂之间的距离约为 1mm，以确保加热臂对传感臂的影响较小。为了避免传感臂的温度扩散，可以进一步扩大这一距离，但这也会导致 y 形接头长度的延长。基于这些参数，本书所设计的传感器可用于检测折射率在 1.45~1.455 的液体。当波长为 1550nm 时，SiO_2 的折射率为 1.444，这是由 SOI 波导决定的。与硅-液-硅波导的核心层一样，传感区域液体的折射率应大于 1.444。因此，本书所设计的传感器可适用于文献[207]中提到的折射率范围为 1.45~1.455 的液体或固体。

Δn_S 和 $\Delta\beta_S$ 之间的关系如图 6-14 所示，ΔT 和 $\Delta\beta_H$ 之间的关系如图 6-15 所示。为了保持输出不变，必须用硅波导的热光效应来补偿由样品折射率引起的传播常数的变化。根据式 (6-26) 中的相位匹配条件，$\Delta\beta_S$ 和 $\Delta\beta_H$ 的关系由 L_S/L_H 比值决定。因此，一旦传感器和加热区域的长度固定，传感器的灵敏度和分辨率就确定了。下面讨论折射率和温度对传感器灵敏度和分辨率的影响。

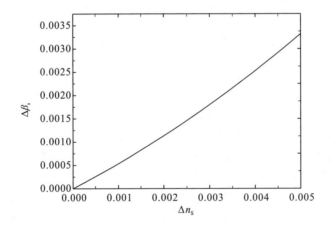

图 6-14　样本指数变化时传播常数的变化

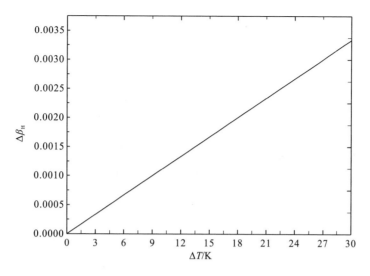

图 6-15　温度变化下传播常数的变化

当 $L_S = L_H$ 时，折射率传感器的灵敏度约为 6000K/RIU，相应的分辨率约为
1.67×10^{-5}。计算结果表明，由折射率引起的输出功率代替温度补偿方法，灵敏度
约为 0.1/RIU，分辨率约为 3×10^{-4}，这里假设功率检测器的分辨率为 0.03%。因此，
通过采用温度补偿方法，折射率传感器的分辨率提高了约 20 倍。

最后，探讨在模型中如何通过调整加热或传感长度来提高传感器的灵敏度和分
辨率。根据式(6-29)可知，当折射率变化相同时，缩短 L_H，温度变化将增加。例如，
如果将加热臂的长度减半，那么灵敏度将增加一倍，分辨率可提高到 8.3×10^{-6}。

为了提高分辨率，还必须扩大 L_S。我们可以发现，随着传感区域长度的增加，
传感器的分辨率将得到大幅提高。这可以解释为增大的感知区域收集了更多关于
样本指数的信息，因此可以检测到较小的指数变化。然而，此时应该考虑设备的
小型化及分辨率。在这两个因素之间一定要进行权衡。因此，可以选择 $L_S/L_H = 4$，
灵敏度为 48000K/RIU，传感分辨率为 2.0×10^{-6} 的结构。如果继续提高 L_S/L_H，那
么灵敏度和分辨率还可以进一步提高。

6.4　基于混合硅/聚合物波导的 MZI 折射率传感

6.4.1　引言

折射率检测研究已有多种应用，在开发快速、廉价、便携的实时诊断和医
疗保健应用及生物医学设备方面具有巨大潜力[208-212]。它可用于化学过程监测、

表面生物分子相互作用的无标签监测和精密加工中的平面度检测[213-217]。近年来，人们开发了许多光学方法来满足适用的折射率传感器的需求，包括高灵敏度、快速响应、体积小、便携和低成本。在光纤[218]、DC[219]、马赫-泽德干涉测量[220]、环形谐振器[221]、SPR[222]等多种技术中，MZI 技术已成为生物化学传感器开发中广泛应用的方法之一。

硅/聚合物混合波导将聚合物结合在硅平面光波电路(planar lightwave circuits, PLCs) 平台中，以提高器件性能[223,224]。它提供了一种创建高性能和低成本集成设备的方法，如 SiO_2 的热光效应可用于开关和传感应用。

本书设计了一种硅/聚合物混合波导的可编程控制器来实现折射率传感。利用聚合物和 SiO_2 构造折射率传感的马赫-泽德干涉仪(MZI)。利用 SiO_2 和聚合物的热光效应来补偿待测样品折射率的变化，并阐述了其折射率传感原理，分析了折射率传感的仿真结果。同时设计了一个光电集成电路来实现折射率传感功能。

6.4.2 传感模型及电路设计

本书设计了一个 MZI 模型来检测折射率，如图 6-16 所示。折射率为 n_1 的聚合物波导被折射率为 n_0 的 SiO_2 包围，折射率为 n_s 的样品被测物被注入传感区。聚合物和 SiO_2 的温度可以通过衬底的加热器进行调节。为了简单起见，将 MZI 的两个臂分别称为传感臂和 TO 臂。

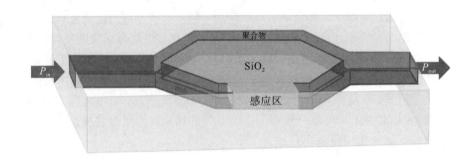

图 6-16   硅/聚合物复合波导 MZI 的传感模型

这里选择 $n_0=1.444$，$n_1=1.45$，$dn_0/dT = 1.0 \times 10^{-5} / K$ [225]，$dn_1/dT = 1.8 \times 10^{-4} / K$ 和 $d_1=1\mu m$。假设 MZI 的初始温度为 20℃，工作温度为 50~80℃。当待检测样品注入传感区时，两臂间的相位差可表示为 $\Delta\varphi$，即

$$\Delta\varphi = \Delta\beta L_s$$

式中，$\Delta\beta$ 为由折射率变化引起的透射常数变化；L_s 为传感面积的长度。传播常数可用色散方程来计算，即

$$\sqrt{k_0^2 n_1^2 - \beta^2}\, d_1 = \arctan\left(\frac{n_1^2 \sqrt{\beta^2 - k_0^2 n_0^2}}{n_0^2 \sqrt{\beta^2 - k_0^2 n_1^2}}\right) - \arctan\left(\frac{n_0^2 \sqrt{\beta^2 - k_0^2 n_1^2}}{n_1^2 \sqrt{\beta^2 - k_0^2 n_0^2}}\right) \tag{6-29}$$

随着传感区域折射率的增加，如图 6-17 所示，透射常数 $\Delta\beta$ 与样品折射率的变化成正比。

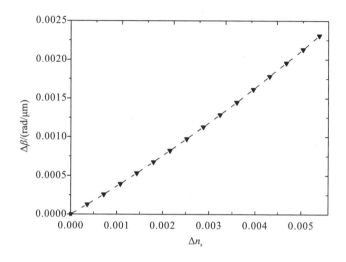

图 6-17　透射常数随样品折射率变化的变化

在这种情况下，输出功率为

$$P_{\text{out}} = P_0 \cos^2\left(\frac{\Delta\varphi}{2}\right) \tag{6-30}$$

为了表示 MZI 的感知能力，此处计算了它的灵敏度

$$S_{\text{RIU}} = \frac{\mathrm{d}T}{\mathrm{d}n_s} \tag{6-31}$$

我们给出 MZI 的输出功率，如图 6-18 所示。这里选择传感区域的长度分别为 6mm、8mm 和 10mm。在图 6-18 中，L_s 为图 6-16 中传感面积的长度。从图中可以发现，当传感区域长度增大时，输出功率随折射率的变化而减小。随着 L_s 的增加，两臂间的相位差也增大，如式 (6-26) 所示，其与 L_s 成正比。这说明，在折射率变化相同的情况下，传感区域的输出功率变化较大。

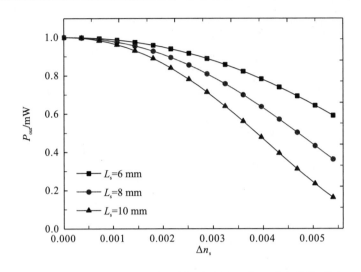

图 6-18   不同传感区域长度下样品折射率和输出功率的关系图

  为了使输出功率保持 P_0 的最大值，同时使 L_s 较大，应该将衬底温度提高到较大的值。因此，可以通过增加传感面积的长度来提高 MZI 模型的灵敏度。下面选择传感区域的长度为 10mm。由于聚合物和 SiO_2 的热光效应，所以它们的折射率可由衬底加热器进行调节。随着温度的变化，TO 臂的传播常数也会发生变化。为了保持传感臂和 TO 臂之间的 $\Delta\beta$ 为零，应在 MZI 上施加适当的应用温度。这里给出如图 6-19 所示的用于补偿由样品指数引起的传播常数变化的 MZI 上的温度变化。此外，假设初始温度为 50℃，最高温度为 80℃。折射率在 0～0.0054 的变化可以通过补偿 30℃范围的温度来测量。因此，需要探测的折射率范围为 1.444～1.4494。

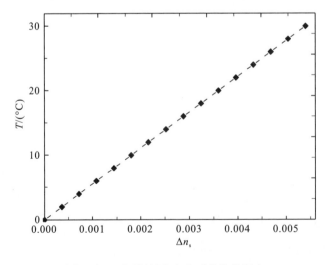

图 6-19   不同折射率变化时的补偿温度

根据图 6-19 可知，MZI 的灵敏度为 5556℃/RIU。

下面给出折射率传感波导的等效电路，如图 6-20 所示。该折射率传感器采用硅基 CMOS 工艺实现，所有波导和传感区域的制造都是兼容的。该 MZI 波导是在 P_{out} 内部负反馈回路使 P_{out} 等于 P_{ref} 的条件下，通过改变模具的结温来自动测量被测液体的折射率。

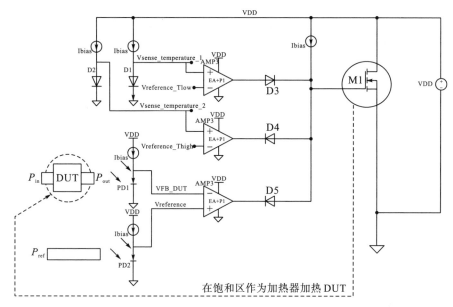

图 6-20　折射率传感波导的等效电路

光电集成电路(optoelectronic integrated circuit，OEIC)的详细功能介绍如下所述。

图 6-20 中除 PD1/PD2 外的所有组件都可以实现到硅晶片中。主传感回路由 DUT、误差放大器和 PI 积分器(AMP3)、二极管(D5)、偏置电流、加热器(功率晶体管 M1)和外部光子探测器(PD1、PD2)组成。功率晶体管位于 DUT 附近，工作在饱和区域，利用其耗散的功率(M1 上的电压降乘以 M1 传导的电流)作为加热器。所谓的 $P_{ref}=P_0$，就是通过加热 DUT，通过具有负反馈的主传感回路进行调节，使 $P_{out}=P_{ref}$。然后，通过测量二极管内部电压(Vsense_temperature_1 或 Vsense_temperature_2)读取环路确定后的模温，得到被测液体在 DUT 中相应的折射率。为了提高检测精度，在同一模具上还设计了两个辅助回路。一个回路是最低模温回路，由二极管(D1、D3)、偏置电流(ibias)和误差放大器(AMP1)组成，用于调节最低模温。此时最好将模具的最低温度设置为 50℃(比室温高 20℃)，以防止室温波动对测量精度的影响。另一个回路是最大模温钳环，由二极管(D2、D4)、偏置电流和误差放大器(AMP2)组成，用于限制最大模温。此时最好设定模具的最高温度为 80℃，因为模具温度一旦高于该温度，被测液体容易汽化。

6.5　本　章　小　结

本章利用耦合模理论，对基于 DC 的折射率传感器进行了研究，主要内容和结果如下所述。

(1) 本章提出一种基于 DC 结构的折射率传感器，通过扫描入射光波长来检测水中葡萄糖的浓度。其传感机理是通过改变入射光的波长，补偿由葡萄糖浓度引起的折射率变化，以保持 DC 的耦合长度不变。因此，端口 1 中的输出功率保持为零，并且可以获得峰值波长和折射率之间的关系。同时，分析了中心光波长、波导宽度和间距对所提出传感器的灵敏度和分辨率的影响。计算结果表明，随着器件长度的增加，传感分辨率可以得到大幅提高。当样品折射率变化为 0.02 时，对耦合长度和分辨率的选择进行折中考虑后，可以得到一个尺寸为 33.65mm×100μm 的传感器，当所用可调谐激光器的精度为 0.1nm 时，其分辨率约为 $1.8×10^{-5}$，灵敏度为 5500nm/RIU。

(2) 基于硅波导热光检测机理，本章提出一种用于葡萄糖溶液浓度检测的定向耦合传感器。利用 DC 的耦合模式理论讨论了生物传感器的设计原则，推导了有效生物传感器模型的条件。通过解析计算给出了耦合长度、可检测折射率范围和不同硅片宽度及 DC 分离距离下的传感分辨率。通过在耦合长度和折射率分辨率之间进行权衡，可以得到一个尺寸为 48μm×30μm 的传感器。该生物传感器可测葡萄糖浓度范围为 1~200mg/dL，分辨率约为 $1×10^{-6}$。

(3) 本章提出一种基于绝缘硅片(SOI)波导热光效应的马赫-泽德干涉折射率传感器，用于检测液体的折射率。通过对硅的温度进行调制，补偿了由样品指数变化引起的相移，保证了输出功率不变。此外，讨论了有效折射率传感器的相位匹配条件，以指导传感区和加热区长度的设计。同时分析了折射率传感器的灵敏度和分辨率。与直接检测输出功率的折射率传感器相比，所提出的热光补偿方法具有明显的优势。在此基础上，可以实现大小为 2mm×1.5mm，灵敏度为 48000K/RIU，分辨率为 $2×10^{-6}$ 的折射率传感器。

(4) 本章提出一种基于 MZI 的折射率传感结构，该结构采用 SiO_2 和聚合物混合波导及 SiO_2 或聚合物波导。由于聚合物和 SiO_2 的热光效应，样品的折射率可以通过集成电路进行测量。同时，分析了折射率检测原理并给出了仿真结果。利用 SiO_2 和聚合物的热光效应，可以用集成电路测量样品的折射率。此外，讨论了折射率传感波导的设计原理，给出了折射率传感波导的等效电路并以此来解释传感过程。MZI 波导的灵敏度达到 5556℃/RIU，其紧凑尺寸为 10μm×6mm。该传感结构可应用于高度紧凑的生物传感系统，在实时诊断和医疗保健方面具有巨大的应用潜力。

第 7 章 磁光表面等离子体波导的传感特性研究

7.1 磁光表面等离子体共振简介

7.1.1 磁光效应

磁光效应是指在外加磁场或自发磁化的情况下，材料与发生透射或反射的光相互作用，从而引起介电常数的变化。能够引起磁光效应的材料称为磁光材料。旋光性会使磁光材料产生很多奇妙的现象，包括法拉第效应、MOKE 及磁致应力双折射效应等[226]。早在 1825 年，John Herschel 在实验中使光沿着导电的螺旋线圈传播，但是他并没有发现任何现象。磁光效应在 1845 年被首次发现，Michael Faraday 发现当光通过电解的液体时，光的偏振态并不会发生变化[227]。同年 9 月 13 日，他使用电磁铁产生磁场，当光传播通过磁场区域后，偏振态发生了偏转，这就是法拉第效应[228]。MOKE 则是由 John Kerr 在 1877 年第一次提出。他发现当入射偏振光经过电磁铁的磁极时，反射光的偏振态发生了改变[229]。

MOKE 是磁光效应的一种。MOKE 是指在物体磁化后，当线偏振光以某个角度入射到磁性介质表面上时，反射光的偏振面相对入射光会发生一定角度的旋转，这个旋转的角度叫作克尔转角。如图 7-1 所示，按照磁化强度与入射光偏振的相对方向，可以将 MOKE 分为三种情况：磁化强度与介质表面垂直的极向磁光克尔

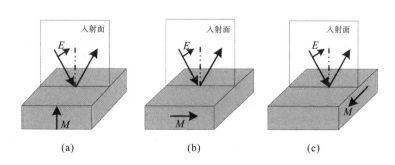

图 7-1 MOKE 示意图：(a) PMOKE；(b) LMOKE；(c) TMOKE

效应（poloidal magneto-optic Kerr effect,PMOKE）；磁化强度与介质表面及入射光平行的纵向磁光克尔效应（longitudinal magneto-optic Kerr effect,LMOKE）；磁化强度与介质表面平行但与入射光垂直的横向磁光克尔效应（transversal magneto-optic Kerr effect，TMOKE）（图 7-1）。

下面对磁光效应进行定性分析。磁光效应的本质是塞曼效应，是不同轨道角动量光子在入射时的定向选择。光束可以分解成一束 LCP 光和 RCP 光，在外加磁场的作用下，材料对 LCP 光和 RCP 光产生的极化频率不同，这就是磁圆二色性。因此，在材料的洛伦兹介电常数模型中的实部和虚部也不同，各向异性的介电常数可以写成张量形式：

$$\varepsilon = \begin{bmatrix} \varepsilon & a\prod_z & a\prod_y \\ -a\prod_z & \varepsilon & a\prod_x \\ -a\prod_y & -a\prod_x & \varepsilon \end{bmatrix} \tag{7-1}$$

式中，ε 为主对角元的介电常数；$a\prod_i$ 为非对角元的介电常数；$\prod_i$ 为外加不同方向的磁场。根据反射光可以推得法拉第效应，根据透射光可以计算克尔效应。根据上面的张量形式，三种 MOKE 可分别写成以下形式。

（1）PMOKE：

$$\varepsilon = \begin{bmatrix} \varepsilon & a\prod_z & 0 \\ -a\prod_z & \varepsilon & 0 \\ 0 & 0 & \varepsilon \end{bmatrix} \tag{7-2}$$

（2）LMOKE：

$$\varepsilon = \begin{bmatrix} \varepsilon & 0 & 0 \\ 0 & \varepsilon & a\prod_x \\ 0 & -a\prod_x & \varepsilon \end{bmatrix} \tag{7-3}$$

（3）TMOKE：

$$\varepsilon = \begin{bmatrix} \varepsilon & 0 & a\prod_y \\ 0 & \varepsilon & 0 \\ -a\prod_y & 0 & \varepsilon \end{bmatrix} \tag{7-4}$$

事实上，磁光效应广泛存在于自然界的各种材料中，任何材料都具有磁光效应。但是，磁光效应的强弱取决于磁化强度的大小，而磁化强度则由材料本身的性质决定。因此，如果一种材料是磁性材料，那么当外加磁场较小时，材料就能达到饱和磁化；而抗磁性材料的饱和磁化强度要远大于磁性材料。所以，磁性材料的磁光效应通常比抗磁性材料要大数个量级。

然而直到 1950 年以后，研究者才逐渐关注磁光效应的应用。近年来，由于磁光效应具有非互易性的特点，新型磁光材料和基于磁光效应的磁光器件也得到了相应研究。总的来讲，磁光材料可以分成两大类。第一类磁光材料包含金属与合金，磁光效应在这类磁光材料中较为普遍，因为入射光常在这类磁光介质表面发生反射，而合金磁光材料则被广泛应用于磁光存储器件中。另一类磁光材料是介质与半导体材料，它被广泛应用于非互易性光学器件(如光隔离器、光回旋器等)、光调制器及集成磁光学方面。例如，镍锌铁氧体和铁磁石榴石等都在研究设计上有着重要作用，具有广阔的应用前景。理想的非互易性器件能让光路中的光信号很好地实现单向传输，消除破坏性负反馈，通过抑制器件间的多重反射可极大地简化光路，同时能够提高由环境不稳定性而引起的容限度。传统磁光隔离器结构如图 7-2 所示。本章的关注点是将 MOKE 与 SPR 相结合，以得到更高灵敏度的MOSPR 波导。

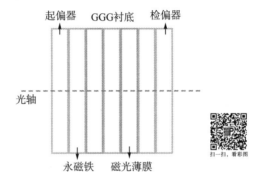

图 7-2 传统磁光隔离器结构示意图

7.1.2 磁光表面等离子体共振

1977 年，在发现通过衰减全反射法激发 SPR 后不久，Ferguson 研究发现 SPR可能会增强 TMOKE[230]。他将磁性薄膜(Fe 或 Ni)在真空条件下沉积在玻璃棱镜的底座上，发现 SPR 能与在薄膜表面传播的光发生共振耦合。尽管贵金属的磁光效应很小，但是在反射率增强后确实能够使观测变得更加容易。

在此之后，SPR 能够增强磁光效应的特点得到了广泛的认识，对这一现象的研究也越来越多。1987 年，Hui 和 Stroud 认识到法拉第效应可以被局域表面等离子体共振(LSPR)增强[231]。Safarov 和 Kosobukin 开创性地研究了在全反射条件下贵金属与铁磁金属多层膜结构(Au-Co-Au 模型结构)的磁光性能[232]。贵金属的SPR 效果好但磁光效应弱，铁磁金属的磁光效应强但 SPR 效果差，该结构很好地综合了这两种材料的特点。经过理论研究和实验验证后表明，磁光效应得到显著增强。

20 世纪初，Bertrand 和 Hermann 在理论上详细研究了 Au-Co-Au 三层金属薄膜基于 Kretschmann 结构的磁光特性，并通过实验加以验证[233]。在该结构中，通过改变铁磁金属 Co 层的厚度，就可以改变 Co 层的磁化方向。按照此方式，TMOKE、LMOKE 和 PMOKE 都可以在该光学系统中进行研究。当入射光入射到光学系统中时，如果能够满足相位匹配条件，那么在不同方向外加磁场都会在 Au 层激发 SPR，磁光效应增强的 MOSPR 也能明显观察到。在可见光波段及近红外区域，改变入射光的入射角，光子能量都能与表面等离子波产生共振耦合，磁光特性也得到相应的增强。在近红外区，由于 SPW 具有更大的 FOM，因此由磁光效应引起的共振特性表现得更加明显，磁光增强效果也更加显著。

　　磁光效应被 SPR 增强不仅是在棱镜结构中，在纳米线几何结构中也发现了这种现象[233]。Melle 将六边形镍纳米线嵌入阳极氧化铝板中，当入射光的偏振方向不同时，样品的光学性质表现出非常强的各向异性。此后研究者开始改变纳米颗粒的尺寸、形状及间距，发现同样的效应在纳米粒子[234,235]、纳米盘[236,237]与纳米核壳[238,239]中也能够观察到。相关研究表明，磁光效应和铁磁性金属所占体积比有很大关系[240]。至此，更深入的研究也随之展开，如果能够使用 MOKE 信号替代光信号，那么磁光增强效应可使 SPR 传感器获得更高的灵敏度[241]，所以提高 MOSPR 器件的传感性能成为研究的首要目标。

　　2006 年，Sepúlveda 等从 Hermann 研究的 Au-Co-Au 三层金属薄膜结构得到启发，设计了一种新型的 MOSPR 并用于生物分子检测[242]。他们将金属层的 SPR 与磁性材料的磁光效应相结合，在贵金属层中混入铁磁性金属，形成了新的 MOSPR 传感器。这种材料的结合可以产生强烈的 MOKE，而磁光效应取决于周围介质的光学特性，因此该传感器能够用于生物传感应用。当铁磁金属的磁化方向垂直于入射平面时，此时将产生 TMOKE，磁光效应会导致反射光的反射率发生改变。定义 $\Delta R_{pp}/R_{pp} = \left| R_{pp}(M) - R_{pp}(0) \right| / R_{pp}(0)$，当激发 SPR 时，反射率 R_{pp} 会显著减小，同时 TMOKE 会导致 ΔR_{pp} 发生变化。与标准 SPR 传感器相比，铁磁 MOSPR 传感器的实验表明，对于折射率变化和生物分子吸附，铁磁金属 MOSPR 传感器的检测极限增加了 3 倍，同时优化金属层后，检测极限可以提高 1 个数量级。

　　随后，对于铁磁金属 MOSPR 传感器的研究逐渐展开。2010 年，Regatos 将具有 Au-Co-Au 三层金属结构的 MOSPR 用于对短 DNA 链杂交的无标记检测[243]。通过权衡磁等离子体(magnetic plasma，MP)传感器的光学吸收和磁光效应，该 MOSPR 生物传感器的信噪比和传统 SPR 传感器相比大 4 倍。同年，他又设计了具有 Au-Fe-Au 膜结构的 MOSPR 传感器[244]，其结构如图 7-3 所示。金属 Fe 的饱和磁化强度很小，只需要 20Oe 左右。研究结果表明，MOSPR 传感器的传感灵敏度比普通的 SPR 增加了 2 倍。

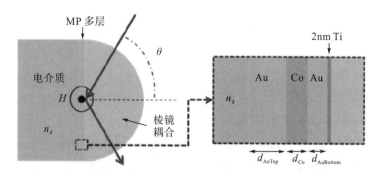

图 7-3　具有 Au-Co-Au 三层结构的 MOSPR 示意图

新型磁性材料的发展也推进了 MOSPR 传感器的研究发展。电子科技大学秦俊使用 $Ce_1Y_2Fe_5O_{12}$(Ce:YIG) 作为磁光层，设计了入射光在 1160nm 的近红外 MOSPR 传感结构[245]。该 MOSPR 传感器可以实现的 FOM 高达 8.36/RIU，而使用铁磁金属 Ag-Co-Ag 结构的 MOSPR 传感器能达到的 FOM 只有 0.42/RIU，由此可知该结构的灵敏度提升了 20 倍。本课题组设计了含有 Ce:YIG 薄膜的棱镜波导耦合结构的 MOSPR 波导器件[246]。它结合了 SPR 和 TMOKE 的优点，所提出的棱镜和 Ce:YIG-Au-liquid 三层结构所组成传感器的 FOM 能够达到 5.022/RIU，相比传统光学传感器得到了大幅提高。它可测溶液的折射率范围为 1.330～1.345，并且该传感结构的金属 Au 层与溶液接触，可利用金属亲水性好的特点，且误差很小，这些特点都使其在实际应用中具有很大的优势。

7.2　掺铈钇铁石榴石 MOSPR 波导的传感特性研究

7.2.1　掺铈钇铁石榴石 MOSPR 波导的结构设计

掺铈钇铁石榴石(Ce:YIG) 晶体因其在近红外波段有着优良的磁性和巨大的本征法拉第转角，引起了研究者的高度重视，因此 Ce:YIG 成为一种极具发展前景的磁光材料[247-249]。下面本书利用 Ce:YIG 材料设计一种 MOSPR 波导，并研究其传感特性。

图 7-4 是所设计 MOSPR 波导的几何结构。该结构由 SiO_2 棱镜、TiN 层、SiO_2 层、钇铁石榴石(YIG)层、Ce:YIG 层、Au 层及传感介质水组成。底部的金属层 TiN 是一种耐火的等离子体材料，能够承受磁性氧化物在沉积过程中的高温。中间 8nm 的 SiO_2 层是一种非结晶扩散阻挡层，能防止 TiN 在高温退火时氧化。这种非结晶层还可以阻止 TiN 对 YIG 的模板效应，同时能够使磁性石榴石结晶。下面利用 4×4 转移矩阵法对此结构产生的磁光效应进行讨论。

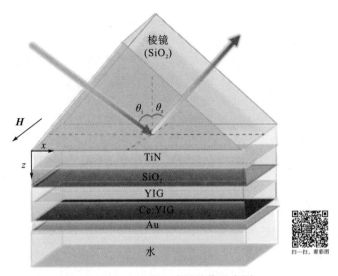

图 7-4　MOSPR 波导结构示意图

　　要想计算MOSPR，就需要知道各种介质材料的介电常数。当入射波长为632.8 nm时，SiO₂ 的折射率为 1.45，TiN 的复折射率为 1.351+2.76i，Au 的介电常数为−10.98+1.464i，水的折射率为 1.333。计算出此时的 SPR 和 MOSPR，并进行讨论分析。

　　图 7-5(a) 和图 7-5(b) 分别为所设计波导结构的 SPR 和 MOSPR 曲线。当外加反向磁场时，两种方向磁场的 SPR 反射率曲线存在细微差别。当增大传感层的折射率时，MOSPR 曲线也会发生变化，由此得到最大 ΔR 所对应的入射角也将增大。将传感结构设计成这样的一个原因是在实际的镀膜工艺中，Ce:YIG 必须生长在种植层 YIG 上，同时要想得到比较好的控制层厚度和表面粗糙度，Ce:YIG 和 YIG 的厚度都必须大于 30nm。图 7-5(c) 为采用 SiO₂-YIG-Ce:YIG 结构时，薄膜样品的 SPR 曲线。其中，YIG 层的厚度为 48nm，Ce:YIG 层的厚度为 45nm，Au 层的厚度为 15nm，传感层的折射率仍然取 1.333。从图中可以看出，此时的 SPR 曲线具有非常大的半高全宽，并不适合用于传感。同时，从图 7-5(d) 中可以看出，当对

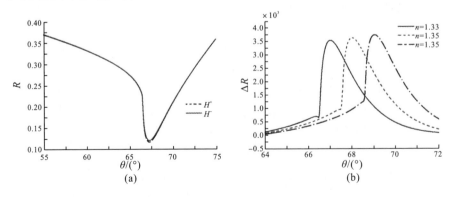

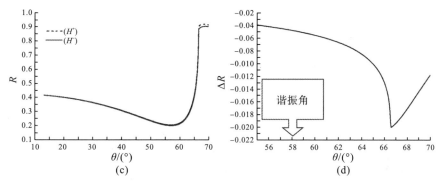

图 7-5　MOSPR 波导结构的反射率曲线：(a)不同入射角下 SiO$_2$ 结构的左、右旋光的反射率曲线；(b)不同入射角下 TiN 结构的左、右旋光的反射率曲线；(c)不同入射角下 Au 结构的左、右旋光的反射率曲线；(d)不同入射角下水的左、右旋光的反射率曲线

此结构外加反向磁场时，虽然有较大的 ΔR，但是出现较大反射率差的角度严重偏离了 SPR 的共振角，此时的反射率已经接近 0.9。因此，此时并没有明显的 MOSPR 现象。基于此，在此基础上增加了一层 TiN 和一层 SiO$_2$，形成金属-绝缘体-金属结构。通过对比可以发现，该结构极大地增强了 MOSPR 效应，也更加利于传感。

7.2.2　掺铈钇铁石榴石 MOSPR 波导的传感性能测试

设计好 MOSPR 波导结构后，采用磁控溅射真空镀膜法来镀制所用样品的介质薄膜结构。首先选取合适的 SiO$_2$ 基片，对基片进行裁片、清洗、浸泡及干燥等一系列预处理工作。在沉积过程中，由于薄膜的质量对 MOSPR 波导的传感性能影响很大，所以需要探索最佳溅射气压和溅射功率。溅射气压会影响磁控溅射的速率，溅射气压过高会使气体分子对溅射粒子的散射增强，从而使溅射速率下降，由于溅射粒子的动能减小，成膜质量也会变差；气压过低则会使溅射粒子产量减少，最终同样会使溅射速率降低。溅射功率则能更直接地影响溅射速率。最终得到设计要求的 MOSPR 波导传感芯片。

下面搭建 MOSPR 传感器检测平台。在 Kretschmann 棱镜耦合结构的基础上加入外部磁场，构成 MOKE 检测平台，采用角度调制的方式进行 SPR 信号探测。实验光路如图 7-6 所示。实验选用 He-Ne 激光器作为实验光源，入射光的波长为 632.8nm。入射光通过偏振片变为 p 偏振光入射到样品表面。外部磁场的方向为平行于样品表面且垂直于入射面，以保证能同时激发 SPR 效应和 TMOKE 效应。最终，

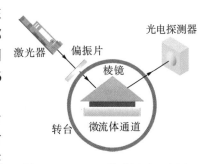

图 7-6　MOSPR 传感测试示意图

样品反射的光线由光电探测器接收。

在实验之前，需要调节激光器的水平位置，以保证输出的激光光束与光学平台平行。实验使用的是杭州谱镭光电技术有限公司生产的型号为 SPL-HN3.0P 的激光器，功率为 3.0mW，其产生的光束本身就是线偏振光。因此，将格兰偏振镜调节成水平状态，同时旋转并调整激光器谐振腔的角度，以保证透过格兰偏振镜的出射光强最大，此时入射到样品表面的光束一定是 p 偏振光。使用光电探测器检测此时透过格兰偏振镜的光强并记录光强大小。将此光强信号与由测试样品表面反射的光信号进行对比，就可以求出此时的反射系数和反射率。最终搭建好的测试平台和实际实验光路如图 7-7 所示。

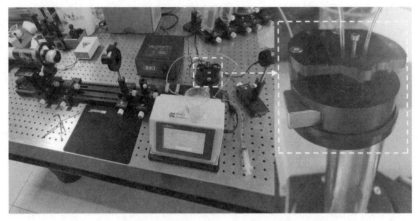

图 7-7　传感平台的实际光路图

由于受材料生长工艺的限制，只能采用 SiO_2 作为传感芯片的衬底。因此，采用的棱镜材料是熔融石英，棱镜的形状为等腰直角三角形。它是 SiO_2 的非晶态，折射率为 1.45，其折射率与衬底 SiO_2 的折射率是一样的。最终，将制好的传感芯片衬底的一面用折射率匹配液粘在棱镜底面上。

实验测试转台为专门定制，转台由步进电机控制，最小可精确转动角度为 0.0025°。值得注意的是，转台记录的角度并不是实际棱镜耦合结构中的入射角 θ，它们之间可由折射定律进行转换。从图中可以清楚地看到，样品被固定在测试平台旋转轴的中央，微流体通道位于传感芯片的另一侧，当测试 SPR 折射率传感时，待测溶液由导管进入微流体通道，与传感芯片表面充分接触，并使入射光的光斑能够呈现在样品与溶液的接触面上。由于 Ce:YIG 的饱和磁场强度并不大，约为 2000Oe，所以使用永磁铁就能达到。相较于电磁铁，永磁铁的另一好处是能够在实验中方便地调节外加磁场的方向。在测试平台中，有三个凹槽可以用来放置磁铁，将磁铁放在不同的凹槽位置就可以调节磁场方向，以便于调节不同方向的 MOKE。例如，当把磁铁放在位于测试平台的下方凹槽时，此时满足外加横向磁场，能产生

TMOKE。同时，由于使用的是永磁铁，只需调整磁铁方向就能产生反向磁场。

　　搭建好实验平台后，使用酒精作为传感溶液，分别配置浓度为 0%、5%、10%、20%和 30%的酒精溶液。

　　图 7-8 为此时 MOSPR 曲线的实验和仿真对比图，实线为实验测量值，虚线为理论仿真值。从图中可以看出，MOSPR 曲线的理论值和实验值变化呈现出相同的趋势，在数值上也基本吻合。但是，实验值和理论值也存在一定的偏差。例如，MOSPR 的实验最大值小于理论最大值，同时实验的曲线谱宽也大于理论值。出现这些情况的原因可能是在薄膜样品的溅射过程中，磁光 Ce:YIG 层和金属 Au 层的厚度出现偏差，并不是理论厚度，从而导致结构发生变化。

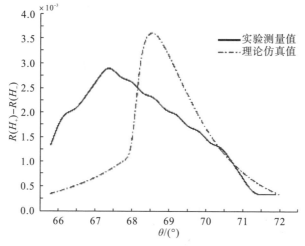

图 7-8　当传感溶液为水时，样品的 MOSPR 曲线

　　图 7-9(a) 为当在微流体通道内通入浓度分别为 0%、10%和 20%的酒精溶液时，样品 MOSPR 曲线的变化情况。随着酒精溶液浓度的增大，传感液体的折射率增大，MOSPR 曲线最大值(即正反向磁场反射率差值的最大值)的入射角也随之增大。然而，在实际的传感过程中，这一方法则相对比较麻烦。通常，将入射角固定，当传感溶液为水时，ΔR 最大。在所设计结构样品中，这一角度出现在 67.3° 附近。随后，向微流体通道内通入不同浓度的酒精溶液，并记录此时的 ΔR。从图 7-9(b) 可以看出，随着液体浓度的增大，此时在同一角度下检测到的 ΔR 也会减小。为了消除光源噪声的影响，可以将此信号正规化，记为

$$\text{TMOKE} = \frac{R(H_+) - R(H_-)}{R(H_+) + R(H_-)} \tag{7-5}$$

　　从图 7-9(b) ΔR 信号和 TOMKE 信号的对比可以看出，采用 TOMKE 记录的 MOSPR 信号的相对值更大，即具有更大的分辨率。但是，在该定义下，当 SPR 产生时，$R(H_+)$ 和 $R(H_-)$ 都趋于 0，TOMKE 信号也因过大而失去对比意义。

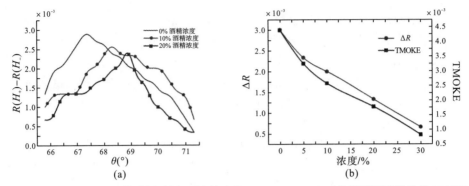

图 7-9 样品的 MOSPR 传感测试图:(a)浓度为 0%、10%、20%时的酒精溶液样品的 MOSPR
曲线变化情况;(b)ΔR 信号和 TOMKE 信号随浓度变化的关系图

7.3 基于磁光 Tamm 态的磁光波导的传感特性研究

7.3.1 磁光 Tamm 态简介

表面电磁模式存在于不同介质的界面上,它在许多应用领域中具有重要意义。最著名的表面电磁模式是 SPR,它存在于金属和电介质之间的界面;另一种则是光学 Tamm 态,它是在两种不同介质的边界处上的一种界面模式,存在于一维光子晶体(1D-PC)异质结构或金属介质分布布拉格反射器(distributed bragg reflector,DBR)中[250,251]。光学 Tamm 态可以看作一种特殊的 SPR,它的激发条件更简单,TM 和 TE 波都可以激发[252,253]。此外,光学 Tamm 态比 SPR 具有更强的光捕获能力[254,255]。因此,光学 Tamm 态在光开关、光学双稳态逻辑控制[256,257]和新型半导体激光器[258]等领域得到了广泛的应用。

光学 Tamm 态的概念于 2005 年首先由 Kavokin 提出[259]。他发现在两个周期性介质结构的边界处存在一种无损界面模式,而在其周围介质中的能量呈指数形式衰减。当用 TM 和 TE 波入射时,都可以激发光学 Tamm 态,并且界面周围介质层的顺序对产生的光学 Tamm 态有很大影响。当入射角增大时,光学 Tamm 态出现的位置会发生蓝移,所激发光学 Tamm 态的有效质量也有些许不同。

2006 年,Vinogradov 在理论上证实了光学 Tamm 态存在于一维光子晶体和金属界面,对应系统反射曲线或透射曲线的谱线峰[260]。2007 年,Kaliteevski 等发现在金属介质-DBR 界面上存在光学 Tamm 态[261]。通过调整 DBR 各层介质的顺序,可以将光学 Tamm 态激发在 DBR 禁带中心附近。同时,激发光学 Tamm 态并不需要借助棱镜或光栅。

2011 年,Grossmann 将光学 Tamm 态波导中 DBR 的低折射率介质替换为空气,由于空气的折射率约为 1，这种高低折射率的对比使光场被限制，因此光场得到局域增强[262]。另外，由于结构中的低折射率层是空气，所以这为传感的应用提供了可能。电子科技大学张伟利教授在此结构的基础上，提出了一种新型光学 Tamm 态传感器，该方案对外部环境的折射率变化非常灵敏，同时又具有测量范围大的特点[262]。

金属-DBR 结构中激发的光学 Tamm 态必须满足相应的振幅匹配条件。假设磁光层是 DBR 中的一个缺陷层，并且在金属和 DBR 界面处有一个虚拟微腔，如图 7-10 所示。在金属和 DBR 界面上向上传播的光的振幅反射系数分别为 r_M 和 r_{DBR}。利用传递矩阵法，可以把本征模场的方程写成：

$$A\begin{pmatrix} 1 \\ r_M \end{pmatrix} = \begin{pmatrix} \exp(i\phi) & 0 \\ 0 & \exp(-i\phi) \end{pmatrix}\begin{pmatrix} r_{DBR} \\ 1 \end{pmatrix} \tag{7-6}$$

式中，A 为常数；$\phi=nz\omega/c$ 为角频率是 ω 的光波传播距离 z 时的相位变化。去掉常数 A，将方程简化，有

$$r_M r_{DBR} \exp(2i\phi)=1 \tag{7-7}$$

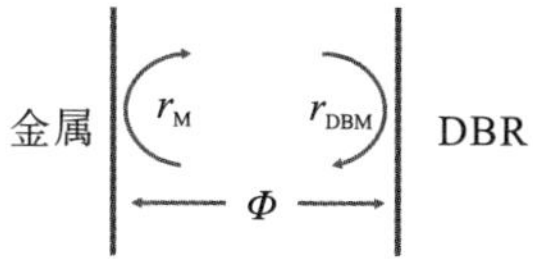

图 7-10　金属-DBR 界面微腔示意图

由于假设的虚拟微腔存在，现在把两个界面接口合并，即将 z 减小到 0，则有

$$r_M r_{DBR}=1 \tag{7-8}$$

这样就得到了光学 Tamm 态的形成条件，即金属界面反射系数与 DBR 界面反射系数的乘积接近 1。

7.3.2　磁光 Tamm 态波导的传感结构设计

本书设计的磁光 Tamm 态波导如图 7-11(a)所示，图 7-11(b)是该结构在笛卡儿坐标系中的横截面图。在该结构中，传感介质层取代了 DBR 的低折射率层。传感介质层可以提高 DBR 的折射率对比度，从而减少形成光学 Tamm 态需要的层数。此外，由于传感介质层将光场直接暴露在外部环境中，所以传感器的灵敏度将大幅提高。在这个波导结构中，采用了棱镜耦合的方法来激发光学 Tamm 态，入射光为 TM 偏振光。为了产生强烈的磁光效应，假设波长 λ 为 1064nm，这时 CeCIY 层展现出很强的法拉第旋转。DBR 中每层介质的厚度为 $\lambda/4n$，其中，n 为该层的折射率。棱镜和 Si 的折射率分别为 1.5066 和 3.551[263]，Ag 的复介电常数为 $-59.872+1.354i$[264]。DBR 的周期可随所测量液体或气体的不同进行灵活调整。当磁化矢量方向垂直于入射光平面时，可以观察到 TMOKE 现象，从而提高传感的性能。

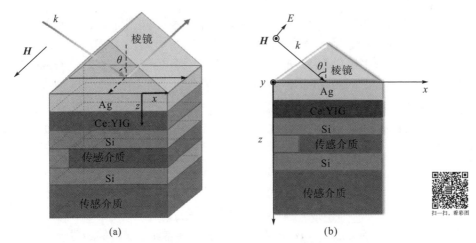

图 7-11　磁光 Tamm 态波导：(a)磁光 Tamm 态结构示意图；(b)笛卡儿坐标示中的横截面图

首先，采用有限元法对磁光 Tamm 态波导和 MOSPR 波导的性能进行模拟，在仿真中认为传感器介质处于真空(n=1.0000)。磁光 Tamm 态波导的入射角为 44.05°，MOSPR 波导的入射角为 42.06°，入射光的波长都是 1064nm。在磁光 Tamm 态波导中，Ag 和 Ce:YIG 的厚度分别为 40nm 和 74nm，而在 SPR 波导中 Ag 和 Ce:YIG 的厚度分别为 40nm 和 26nm。图 7-12 显示在两种传感器中，设置不同边界条件的周期性磁场的分布情况。p 偏振光从棱镜的左侧入射，在介电金属 Ag 层和金属 Ce:YIG 层的表面分别激发光学 Tamm 态和 SPR。与 MOSPR 波导类似，在磁光 Tamm 态波导中，传感介质中的磁场也具有优越性。

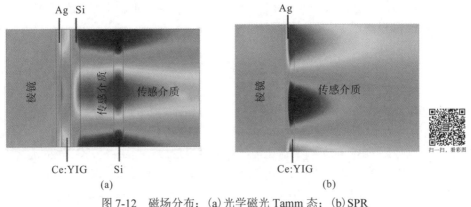

图 7-12　磁场分布：(a)光学磁光 Tamm 态；(b)SPR

用转移矩阵法计算的反射率与用有限元法计算的结果相同。如果利用 MOSPR 光谱的方法，计算出相反磁场方向的反射率之差，那么 ΔR 曲线就称为磁光 Tamm 态波导的 ΔR 谱。与 MOSPR 相似，在光学 Tamm 态波导的传感研究中，TMOKE

的变化 $\mathrm{d}\{[R(+H)-R(-H)]/R\}$ 相对于折射率的变化 $\mathrm{d}n$ 明显快于反射率的变化 $\mathrm{d}R$。其中，$R(+H)$ 和 $R(-H)$ 分别为施加两个相反方向磁场的反射率。因此，磁光 Tamm 态波导可将 TMOKE 作为传感参数来增强灵敏度，而不是将反射率作为传感参数。这时可以定义 FOM 来量化波导的传感灵敏度：

$$\mathrm{FOM}=\frac{\mathrm{d}\Delta R}{\mathrm{d}n}=\left(\frac{\mathrm{d}\left|R(+H)-R(-H)\right|}{\mathrm{d}\theta}\right)_{\theta=\theta_{\mathrm{S}}}\times\left(\frac{\mathrm{d}\theta}{\mathrm{d}n}\right) \tag{7-9}$$

式中，R 为入射光的反射率；H 为外加磁场；n 为传感介质的折射率；θ 为固定工作角。显然，在固定的折射率下，传感波导可以在曲线斜率最大的峰值点实现最大的 FOM。

在磁光 Tamm 态波导和 MOSPR 波导中，当传感介质的折射率发生变化时，对应最小反射系数的入射角也会发生变化。根据公式(7-9)，达到最佳 FOM 的方法是前一项和后一项的乘积取最大。与 MOSPR 波导相比，磁光 Tamm 态波导的公式前一项在反射率最小值(磁光 Tamm 态前项)明显较大。当传感介质的折射率变化范围在 1.0000～1.0006 时，从图 7-13 中可以看出，当这两种波导上传感介质的折射率不同时，固定工作角的变化近似相等。因此，两个设备的后一项几乎相同。

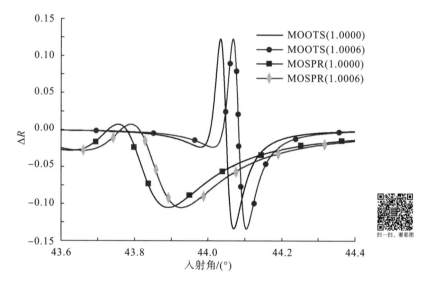

图 7-13　磁光 Tamm 态波导和 MOSPR 波导沿+y 和-y 方向施加磁场时的 ΔR 曲线

在两种不同的波导结构中，由折射率变化引起的 ΔR 变化如图 7-14 所示，其中 N 为 DBR 的周期数。此外，从图中曲线可以求出两种波导结构的灵敏度。图 7-14(a)为磁光 Tamm 态波导当 $N=2$ 和工作角固定在 44.07° 时，由传感介质折射率变化引起的 ΔR 变化，可检测到的折射率范围为 1.0000～1.0006。而当 $N=3$，工作角固定在 46.91° 时，可测得的折射率范围为 1.00000～1.00026。图 7-14(b)

为 MOSPR 波导的工作角固定在 43.89° 时，由传感介质折射率变化引起的 ΔR 变化，可检测到的折射率范围为 1.0000～1.0023。通过对比可以看出，当传感介质的折射率变化不大时，磁光 Tamm 态波导比 MOSPR 波导表现出更大的 FOM 和更大的传感范围。因此，可以将磁光 Tamm 态波导用于检测气体和浓度变化较小的溶液。当流体折射率变化很小时，可以适当选择较大的 DBR 周期来增加 FOM 以得到更好的传感特性。

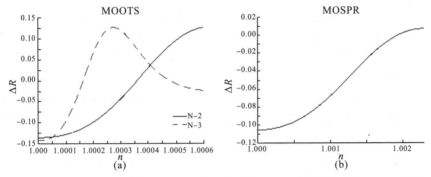

图 7-14　传感介质的折射率和 ΔR 关系：(a) 磁光 Tamm 态波导；(b) MOSPR 波导

此外，本书还注意到实际波导结构与理想状态的偏差。在实际制备过程中，Ag 的沉积层可能不完全平滑，从而导致 Ag 和 Ce:YIG 层存在波动，并且这种波动在 Ag 和 Ce:YIG 的界面部分共存[265,266]。通过计算有效折射率，假定 Ag 和 Ce:YIG 层之间的界面层的模糊光学常数为 $(n_{Ag} + n_{Ce:YIG})$，界面层的厚度偏差为 3nm。图 7-15 比较了磁光 Tamm 态波导和 MOSPR 波导中的界面粗糙度对反射率的影响。对比图 7-15(a) 和图 7-15(b) 可以看出，当计算 FOM 时，磁光 Tamm 态波导比 MOSPR 波导更不容易受界面层的影响。这意味着它可以提供比 MOSPR 波导更好的误差容限。因此，磁光 Tamm 态波导的这一优点更有利于传感器的制造、生产和实际性能。

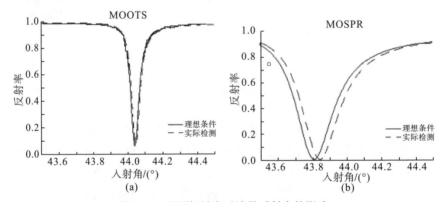

图 7-15　界面粗糙度对波导反射率的影响

　　通过前面的分析，可以认为磁光 Tamm 态波导的传感性能与 MOSPR 波导的传感性能相比具有一定优势。然而，如果 Ag 层的厚度发生变化，那么有效折射率也会发生变化，从而导致磁光 Tamm 态光谱随入射角而改变，如图 7-16 所示。选取 $N=2$，假设传感介质为空气，图中的四条曲线分别表示 Ag 层厚度分别为 35nm、40nm、45nm 和 50nm。由不同厚度的 ΔR 可以看出 TMOKE 的大小，由 ΔR 的斜率可以看出磁光 Tamm 态波导的灵敏度。ΔR 的斜率越大，磁光 Tamm 态波导的传感灵敏度越大。很明显，随着 Ag 层厚度的增加，限制在 Ag 层上的电磁场能量也会增加。但是，随着 Ag 层厚度的增加，穿透传感介质层的场强会减小，这会降低 FOM 的指数灵敏度。一般来说，当 Ag 层厚度为 40nm 左右时，磁光 Tamm 态波导能实现传感的高灵敏度。

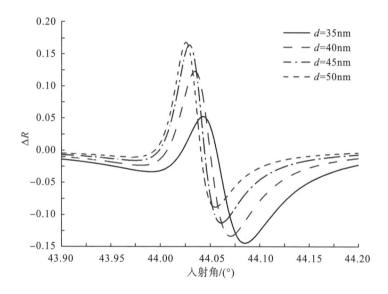

图 7-16　不同 Ag 厚度对波导 ΔR 的影响

　　当入射波长为 1064nm 时，将气体的折射率从 1.0000 变为 1.0006，把求出的斜率与公式(7-9)的第二项相乘，就可以求出传感 FOM。计算的 FOM 如图 7-17 所示，在等高图中显示了 FOM 和 Ce:YIG 与金属厚度的关系。当 Ag 层厚度为 40 nm，Ce:YIG 层厚度为 72nm 时，磁光 Tamm 态波导传感的最大灵敏度 FOM=1224.21/RIU。当使用相同的方法优化 MOSPR 波导时，其传感的最大灵敏度 FOM=141.81/RIU，远比磁光 Tamm 态波导传感的最大灵敏度要小。当金属层改为 Au 时，波导的灵敏度最大能达到 FOM=611.87/RIU。出现这种现象的原因是在 1064nm 波长下 Ag 的介电损耗相对于 Au($\varepsilon=-54.84+1.98577i$)要低[267]。尽管如此，使用 Au 的传感器件仍具有相对较高的灵敏度和稳定的化学性质。因此，它也具有实际应用潜力。

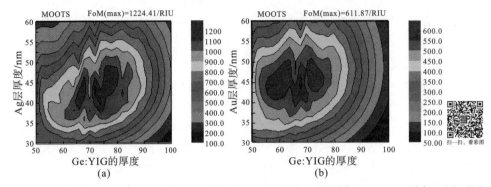

图 7-17 磁光 Tamm 态波导中的 FOM 等高图：(a) 不同 Ag 层厚度和 Ce:YIG 厚度；(b) 不同
Au 层厚度和 Ce:YIG 厚度

7.3.3 磁光 Tamm 态波导的传感性能分析

要想制备该波导器件，首先可以使用分子束外延的方法实现由 Ag-Ce:YIG-Si 组
成的结构。然后，通过对 Si 层的刻蚀或激光加工来选择性地制作利用 DBR 的低折
射率层作为传感层的结构。再使用磁光 Tamm 态波导来检测空气的折射率，实验路
线如图 7-18(a) 所示。将磁光 Tamm 态波导的传感层置于真空密室内，使用 Nd:YAG
激光器作为光源，它能射出波长为 1064nm 的光束。光束经偏振片由棱镜耦合到传
感波导中。最后，反射光信号由光电探测器记录。在本实验中，可以通过气泵调节
密室内的压力或改变密室内的温度，以快速改变空气折射率。

根据 Edlén 的修订公式[268,269]，大气折射率可表示为

$$n_{tp} = 1 + \frac{p(n_s - 1)}{96095.43} \times \frac{1 + 10^{-8}(0.613 - 0.00998t)p}{1 + 0.0036610t} \tag{7-10}$$

式中，n_s 为标准空气（78.09% 氮气、20.93% 氧气、0.93% 氢气、0.03% 二氧化碳），
它在 1 个标准大气压、15℃ 和二氧化碳浓度为 300ppm 条件下的折射率为

$$n_s = 1 + \left(83.4213 + \frac{24060.3}{130 - \sigma^2} + \frac{159.97}{38.9 - \sigma^2}\right) \times 10^{-6} \tag{7-11}$$

式中，σ 为波数（波长的倒数），单位是 μm^{-1}。

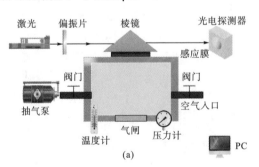

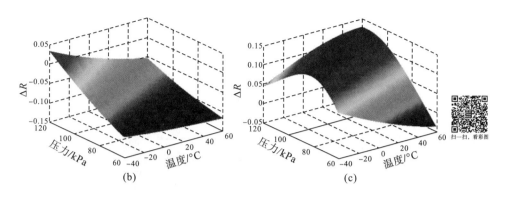

图 7-18　空气折射率检测示意图：(a)实验路线图；(b)DBR 的同期 N=2 时 ΔR 对应不同压力和
温度的变化图；(c)DBR 的周期 N=3 时 ΔR 对应不同压力和温度的变化图

众所周知，不同的空气折射率对应不同的 ΔR，因此可以通过改变密室内的压力和温度来检测相应的 ΔR。对比图 7-18(b)和图 7-18(c)可以发现，当实验大气压力范围为 60～120kPa，温度范围为-40～60℃时，DBR 的周期 $N=2$ 较为合适，因为此时的 ΔR 是线性变化的。当 DBR 的周期 $N=3$ 时，此时 ΔR 是非线性变化的。

当然，磁光 Tamm 态波导也可以用来检测液体的折射率。与气体相比，液体溶液的折射率变化范围较大。因此，磁光 Tamm 态波导可用于测量极低浓度溶液的浓度变化，如 NaCl 溶液。由于液体折射率的测量与气体折射率的测量不同，故需要对传感波导进行重新设计。采用与前面相同的仿真讨论方法，选择 Ag 层厚度为 50nm，Ce:YIG 层厚度为 90nm，DBR 周期调整为 4，并将传感介质层的厚度变为 200nm，重新设计一个简单的光路，如图 7-19 所示，实验将在常温(20℃)下进行。这时，只需要在液体流动通道中加入不同浓度的 NaCl 溶液，然后记录光强度。已知 NaCl 溶液的折射率和浓度的经验公式为 $n = 1.3331 + 0.00185c$，其中 c 为 NaCl 质量百分比的浓度，其结果如图 7-20 所示。该结构在 NaCl 溶液浓度为 0%～0.35%时具有较好的线性关系，其最大灵敏度 FOM 接近 1000/RIU。

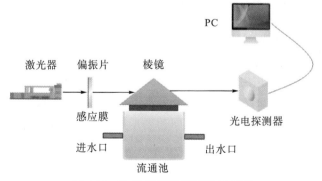

图 7-19　NaCl 溶液检测实验示意图

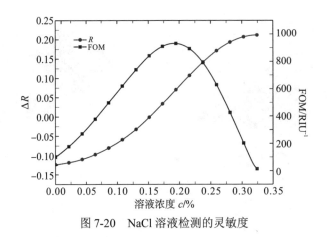

图 7-20　NaCl 溶液检测的灵敏度

7.4　本　章　小　结

本章主要进行了两项工作，一项工作研究了含 Ce:YIG 的 MOSPR 波导的传感特性，另一项工作研究了基于磁光 Tamm 态的磁光波导的传感特性。前一项工作偏重实验研究，后一项工作偏重仿真设计。两项工作都运用了 4×4 转移矩阵法来计算反射系数，在后一项工作中，还用有限元法对磁光 Tamm 态波导进行了数值仿真并取得良好的效果。

在第一项工作中，利用 Ce:YIG 晶体设计了 MOSPR 波导的结构，该结构由 SiO_2 棱镜、TiN 层、SiO_2 层、YIG 层、Ce:YIG 层、Au 层及传感介质水组成。TiN 层能够承受磁性氧化物在沉积过程中的高温。SiO_2 层则能防止 TiN 在高温退火时氧化。通过仿真计算了反射率曲线和 ΔR 曲线，发现该结构具有十分优越的传感性能。采用磁控溅射真空镀膜法来镀制所用样品的介质薄膜结构，并搭建好 MOSPR 传感器检测平台。最终，用该方法检测出浓度在 0～30% 的酒精溶液。

在第二项工作中，设计出新型磁光 Tamm 态波导并研究了其传感性能。该器件的波导结构由 Ce:YIG 薄膜、Ag 薄膜和 DBR 组成。通过调整薄膜厚度和材料，最终确定了波导器件的详细参数。通过计算研究发现，当入射波长为 1064nm 时，该波导器件可在气体折射率从 1.0000～1.0006 变化时得到高达 1224.21/RIU 的 FOM，这远大于普通 MOSPR 波导的灵敏度。同时，设计的磁光 Tamm 态波导不易受沉积层界面粗糙度的影响，具有较大的误差容限，更有利于实际制造和生产。此外，本章还给出了利用该波导对空气折射率和 NaCl 溶液折射率测量的详细实验方案。

总之，本章详细研究了两种 MOSPR 波导，包括参数优化、结果分析及对应的详细讨论，这对 MOSPR 传感技术的实际应用和发展有很大的意义。

第8章 SPR增强光自旋霍尔效应及其传感特性

8.1 光自旋霍尔效应的弱测量

8.1.1 光自旋霍尔效应的弱测量实验

第4章推导了SHEL的一般表达式,可以用来计算反射光或透射光产生的SHEL横移,并介绍了SHEL的研究现状。然而SHEL属于微弱的光学效应,其产生的横移非常微小,通常只有几十纳米。要想在实验中对其进行精密测量非常困难,现有的探测仪器根本无法实现。最近一段时间,一种被叫作弱测量的测量方法在量子领域被研究人员广泛使用,该方法能够对光束横移进行放大。下面将介绍SHEL的弱测量实验光路及其放大机理。

本章有关SHEL的应用研究及相关弱测量装置都是基于Hosten提出的实验光路[270]。2008年,Hosten等在《科学》上首次发表了利用弱测量方法间接实现对SHEL位移的探测,他们通过如图8-1所示的实验光路对透射光的自旋分裂进行探测,其实该光路也同样适用于对反射光的测量。

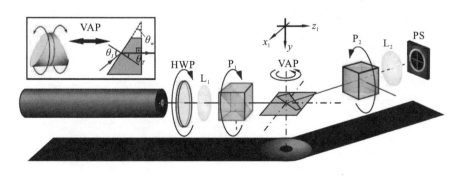

图 8-1 SHEL 的弱测量光路图[96]

在该实验中，他们使用中心波长为 632.8nm 的 He-Ne 激光器作为光源，激光器输出的束腰半径为毫米量级的线偏振高斯光束。为了能够灵活地调节光强大小，首先使输出的光束经过一块半波片，这样能够改变入射光的偏振方向。实验中使用了 25mm 的短焦透镜 L_1 对光束束腰进行缩小，这是为了使入射光能够在空气和棱镜的分界面产生较明显的 SHEL。经过透镜后，光束进入格兰偏振镜 P_1 进行偏振态的选择，得到水平偏振光、垂直偏振光及其他任意偏振光。经过 P_1 的线偏振光入射到棱镜表面，产生自旋分裂，生成 LCP 光和 RCP 光。为了减少光束多次折射而只在第一个界面发生分裂，他们使用了一种新型可变角棱镜，该装置可使折射光束在第二个界面垂直通过。但经过可变角棱镜所产生的自旋分裂仍然非常微弱，还不能进行直接探测。于是再使用一个与 P_1 接近垂直的格兰偏振镜 P_2，使分裂形成的 LCP 光和 RCP 光之间产生相消干涉，将自旋分裂放大，这样就实现了对自旋分裂的直接探测。在用位置传感器 PS 测量自旋横移前使用一个 125mm 的长焦透镜 L_2 对光束准直，它与 L_1 形成了一个共焦腔。最后，使用位置传感器 PS 或光束质量分析仪来接收并分析光斑信息，从而提高实验精度。

8.1.2　光自旋霍尔效应的弱测量放大原理

弱测量实验光路可以分别用量子力学和波动光学的方法来阐述其放大原理，下面简单解释该过程。

1. 量子力学

首先，从量子力学的角度分析 SHEL 的弱测量原理。在量子强测量方法的基础上，引入前选择态和后选择态，当两种选择态接近正交时，实验光路中的观测量会得到显著放大，这就是量子弱测量。在弱测量实验中，将待观测量 $\hat{A}$ 与测量仪器耦合，再根据仪器读数间接测量待观测量。实验中的待观测量具有两种本征量子态 $|+\rangle$ 和 $|-\rangle$，而测量仪器测量的是光束的横向分布。由于待观测量与仪器发生弱耦合，所以要从测量仪器中直接得到其中的可靠测量信息是非常困难的。因此引入后选择，使待观测量放大。可以理解成将初始的微小信号与放大后的结果用弱值 A_w 关联起来，弱值 A_w 就是放大倍数，它可以表示为[271]

$$A_w = \frac{\langle \Psi_f | \hat{A} | \Psi_i \rangle}{\langle \Psi_f | \Psi_i \rangle} \tag{8-1}$$

当水平偏振光入射时，光束通过格兰偏振镜 P_1 前首先进行前选择，此时的光束状态为

$$|\Psi_i\rangle = |H\rangle = \frac{1}{\sqrt{2}}\big(|+\rangle + |-\rangle\big) \tag{8-2}$$

光束在棱镜表面产生自旋分裂，进行弱耦合过程。此后光束通过格兰偏振镜 P_2 进行后选择，此时有

$$|\varPsi_{\mathrm{f}}\rangle = |V \pm \varDelta\rangle = -\mathrm{i}\exp(\mp\varDelta)|+\rangle + \mathrm{i}\exp(\pm\mathrm{i}\varDelta)|-\rangle \tag{8-3}$$

式中，$\varDelta$ 为格兰偏振镜 P_1 与 P_2 的夹角，称为后选择角，也叫作放大角。将此时的 $|\varPsi_{\mathrm{i}}\rangle$ 和 $|\varPsi_{\mathrm{f}}\rangle$ 代入式(8-1)，得到纯虚数的弱值表达式：

$$A_{\mathrm{w}} = \mp\mathrm{i}\cot\varDelta \approx \mp\frac{\mathrm{i}}{\varDelta} \tag{8-4}$$

其实，弱值的虚部还有另外一种放大机理，两种放大机理如图 8-3 所示。这种放大机理叫作传播放大，即光束传输距离越大，放大倍数越大。

如图 8-2 所示，在光束通过两个透镜 L_1 和 L_2 进行缩束和准直的过程中引入了该放大机理：

$$F = \frac{4\pi\langle y_{\mathrm{L2}}^2\rangle}{z_{\mathrm{eff}}\lambda} \tag{8-5}$$

式中，z_{eff} 为 L_2 的有效焦距；y_{L2}^2 为通过 L_2 后的光场分布。将两个放大倍数相乘，即可得到总的放大倍数：

$$A_{\mathrm{w}}^{\mathrm{mod}} = \mp F\left|A_{\mathrm{w}}\right| = \mp F\cot\varDelta \approx \mp F/\varDelta \tag{8-6}$$

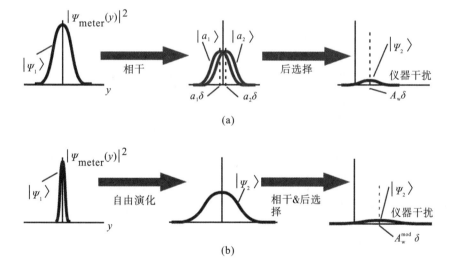

图 8-2　弱测量实验中的放大机理[96]：（a）耦合放大；（b）传播放大

2. 波动光学

用波动光学的理论同样也可以解释 SHEL 的弱测量放大机理。在前面的介绍中认为入射光束是高斯光束，得到了入射光的角谱表达式。在经过前选择过程后，

这时的角谱可以表示为

$$\tilde{E}_i(k_{ix}, k_{iy}) = e_{ix} \frac{w_0}{\sqrt{2\pi}} \exp\left[-\frac{w_0^2(k_{ix}^2 + k_{iy}^2)}{4}\right] \tag{8-7}$$

在后选择过程时，格兰偏振镜 P_2 与 P_1 有一个非常小的夹角 Δ，这时透射的角谱表达式可写为

$$M_{p_2} = \sin\Delta e_{tx} + \cos\Delta e_{ty} \tag{8-8}$$

由此求出电场表达式，代入质心坐标积分公式，有

$$(x_g, y_g) = \frac{\iint (x_t, y_t) I \mathrm{d}x_t \mathrm{d}y_t}{\iint I \mathrm{d}x_t \mathrm{d}y_t} \tag{8-9}$$

最后，采取适当的近似可以求得通过格兰偏振镜 P_2 的光束传播到透镜 L_2 的质心位移：

$$A_w^{mod} \delta_t^H \approx \frac{z}{z_R} \cot\Delta \left(\eta - \frac{t_s}{t_p}\right) \frac{\cot\theta_i}{k_0} \tag{8-10}$$

式中，z 和 z_R 分别为 L_2 的焦距和通过 L_1 的瑞利距离。自旋横移的放大倍数和放大角与光束的传播距离有关，放大倍数可以达到 $z\cot\Delta/z_R$ 倍。

8.2 含石墨烯-MoS₂异质结波导的 SHEL 传感特性研究

近年来，二维(2D)纳米材料因其独特的光学和电子特性而广受关注[272,273]。特别是石墨烯，由于其具有原子结构稳定、电子迁移率高、表面体积比大等特点，现已成为最为广泛研究的材料之一[274-276]。石墨烯具有较大的表面体积比，因此可以更充分地与分析物接触。已经证明基于石墨烯的生物传感器可以检测单链 DNA(ssDNA)或假单胞菌[277,278]。此外，其他的二维纳米材料正在成为生物识别技术的另一个研究方向[279]，如属于过渡金属二卤化物(TMDC)的 MoS₂。这种纳米材料不仅具有更大的带隙和更高的光吸收效率[280,281]，而且具有独特的疏水性[282]。异质结是通过沉积不同的二维材料薄膜形成的，可以提供更好的性能[283]。由于异质结中晶格常数的不匹配，所以通常会导致横向层间超低的相互作用[284]。在许多已发表的研究工作中，已将二维异质结中的石墨烯和 MoS₂ 单层分子各自的性质应用到生物传感器中[285]。因此，本节将从理论上研究基于 SHEL 的含石墨烯-MoS₂异质结波导的生物传感特性，以实现对 DNA 分子的杂交检测。

8.2.1　含石墨烯-MoS_2异质结波导的 SHEL 传感结构设计

假设入射光为高斯光束，为了激发 SPR 来增强 SHEL，认为入射光为水平偏振。当传感溶液的组分发生变化时，它的折射率也会发生变化，此时可以讨论自旋相关分裂的相应变化。本章设计的 SHEL 生物传感波导含有七层结构，如图 8-3(a)所示。首先，将 Ag、SiO_2 和 Au 层依次沉积在 BK7 棱镜上以获得棱镜-Ag-SiO_2-Au 衬底。然后，在 Au 膜上覆盖单层 MoS_2，在单层 MoS_2 上沉积单层石墨烯，以获得目标光学生物传感波导。图 8-3(b)为入射光束的光强度和偏振状态。图 8-3(c)为反射界面上产生的横向自旋相关分裂的 SHEL，这说明线偏振态光束转变为 LCP 分量和 RCP 分量。

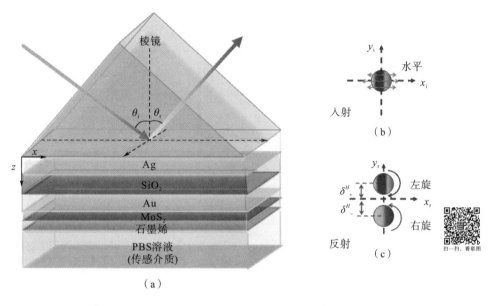

图 8-3　结构设计及其性质：(a)基于 SHEL 的石墨烯-MoS_2 异质结生物传感波导的结构图；(b)线偏振态的入射光；(c)具有圆偏振态的反射光和 LCP 与 RCP 分量的横向位移

采用 2×2 转移矩阵法计算广义菲涅耳反射，边界条件的解是推导 SHEL 中反射光位移的必要条件，再运用式(8-10)即可以求出 SHEL 横向位移。

要想计算反射光的自旋相关分裂，研究传感溶液的折射率与 SHEL 的关系，就需要相关材料的折射率和厚度。假设 BK7 棱镜和 SiO_2 薄膜在 632.8nm 的入射波长下的介电常数分别为 2.2955 和 2.123，SiO_2 的厚度为 320nm。Ag 和 Au 的复介电常数分别为 0.082+4.1563i 和 0.2184+3.5113i[286]，Ag 和 Au 膜的厚度分别为 40 nm 和 30 nm。选择的单层 MoS_2 的复折射率为 5.9+0.8i[287]，单层石墨烯的复折射率为3+1.1487i[288]。每层MoS$_2$的厚度为0.65nm,每层石墨烯的厚度为0.34nm[80]。在这里,传感介质选用磷酸盐缓冲盐(PBS)溶液,这是使用最广泛的缓冲液之一,其折射率为1.334。

现有研究表明,SPR的产生可以使SHEL得到增强。图8-4(a)描述了所设计的生物传感波导利用Au和Ag-SiO$_2$-Au结构的不同反射率。在Au层中激发了SPR现象,而在Ag-SiO$_2$-Au结构中激发了波导耦合SPR(waveguide coupled surface plasmon resonance,WCSPR)现象。图8-4(b)为这两种结构的相关位移在传感溶液折射率变化时的变化情况。当固定合适的入射角时,如果传感介质折射率的大小不同,那么自旋相关位移的大小也不同。因此,可以利用该生物传感波导来测量SHEL的自旋相关位移,据此检测传感介质的某些特性。从图8-4可以看出,由于WCSPR现象而增强的SHEL曲线具有较大的自旋分裂和较窄的谱线宽度。显然,在Ag-SiO$_2$-Au结构中,由于WCSPR现象而增强的SHEL传感更具优越性,在检测微小折射率变化方面具有更大的优势。

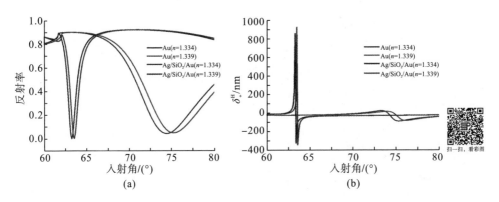

图8-4　当入射波长为632.8nm时,Au和Ag-SiO$_2$-Au结构的相关性质:(a)反射率曲线;(b)SHEL的自旋相关分裂

本书利用有限元法模拟了Au和Ag-SiO$_2$-Au结构的性能,图8-5为这两种结构在反射率最小的入射角处的磁场H_y分布。图中的参考图例体现了场强和颜色之间的对应关系。把左右边界设定为离散边界条件,上下边界设定为周期边界条件。从图8-5(a)中能看出由SiO$_2$层(充当波导层)引起的Fabry-Perot(F-P)干扰的影响[289]。水平偏振光从棱镜左侧入射,SiO$_2$层内的多次反射光在棱镜与SiO$_2$层的界面处与SPR耦合。它们的相互作用使WCSPR结构更具有传感的优势。因此,本节更倾向于选择WCSPR结构来增强该生物传感波导的SHEL。

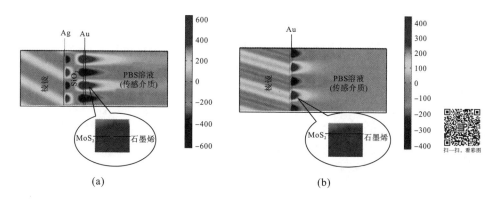

图 8-5　生物传感波导的性质：(a) WCSPR 在反射率最小入射角处的磁场分布；(b) SPR 结构在
反射率最小入射角处的磁场分布

　　从图 8-6(a) 中可以明显看出，不同层数的 MoS$_2$ 和石墨烯对应的共振角会发生变化，但不同共振角的反射率变化并不大。然而，随着图 8-6(b) 中 N_M 和 N_M 的增加，SHEL 中的自旋相关分裂将会减小。这种现象的产生与 MoS$_2$ 和石墨烯介电函数的虚部有关，它们会发生电子损失。为了结合 DNA 分子的吸附效应和 SHEL 的敏感度，这里仅选择单层 MoS$_2$ 和石墨烯。

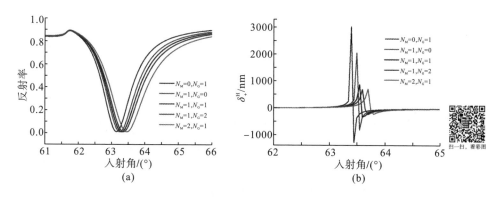

图 8-6　不同参数对反射率和自旋横移的影响：(a) 反射率；(b) 自旋横移

(N_M 为 MoS$_2$ 的层数，N_G 为石墨烯的层数)

8.2.2　含石墨烯-MoS$_2$ 异质结波导的 SHEL 传感性能分析

　　SHEL 传感波导对环境折射率非常敏感，而石墨烯-MoS$_2$ 异质结具有对 DNA 分子的吸附作用，这使生物识别技术成为可能。为了制备该器件，首先采用磁控溅射工艺在 BK7 衬底上连续沉积 Ag、SiO$_2$ 和 Au 层，然后采用湿法转移将石墨烯单层转移到 SiO$_2$ 单层上，制备出石墨烯-MoS$_2$ 异质结。

　　然而，由于这种生物传感波导产生的 SHEL 非常小，因此无法直接观察到，所以本章将采用弱测量的方法来放大 SHEL。拟定的实验设备和步骤如图 8-7 所示。高斯光束由波长为 632.8nm 的 He-Ne 激光器激发。半波片（HWP）用于调节光场强度，透镜 L_1 使入射光束稍微聚焦。第一个格兰偏振器 P_1 产生水平偏振光，这个过程称为前选择。SHEL 将在样品和溶液的分界面被激发，用于检测双链 DNA（dsNDA）之间的核苷酸键合。然后，光束经过第二个格兰偏振器 P_2 进行后选择。两个格兰偏振器轴线之间的夹角为（90° ±Δ）。通过透镜 L_2 准直反射光束后，由 CCD 记录光场（自旋横移）的质心位置。

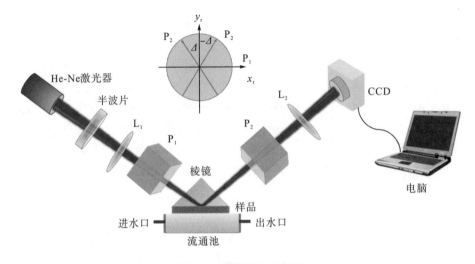

图 8-7　实验设备及步骤

　　为了模拟 DNA 分子的检测，需要计算吸收后 PBS 溶液中的放大横向位移。PBS 溶液的制备如下[290]：KH_2PO_4 配置 0.27g，Na_2HPO_4 配置 1.42g，NaCl 配置 0.27g，KCl 配置 0.2g，加入去离子水约 800mL，充分搅拌溶解，调节 pH 至 7.4。传感溶液折射率的变化与 DNA 分子吸收浓度的关系可表示为[291]

$$n_m = n_i + c_m \frac{dn}{dc} \tag{8-11}$$

式中，n_m 为 DNA 分子吸收后传感溶液的折射率；n_i 为初始传感溶液的折射率；c_m 为 DNA 分子的浓度；dn/dc 为吸收后的折射率变化，标准 PBS 溶液中的折射率增量常数为 $0.182\ cm^3/g$[292]。

　　双链 DNA 螺旋结构由两个互补的单链 DNA 组成，一个是探针 DNA，另一个是互补 DNA，它们彼此相连。此过程称为互补杂交过程[293]。图 8-8（a）描述了用 DNA 作为探针与互补靶 DNA 杂交的传感过程，阐述了本节提出的能够检测 DNA 分子的生物传感波导的理论分析基础。它还可以区分所结合 DNA 分子是互补还是碱基配对。此外，假设检测的 DNA 分子的核苷酸数目为 1000，以方便计算分子量。

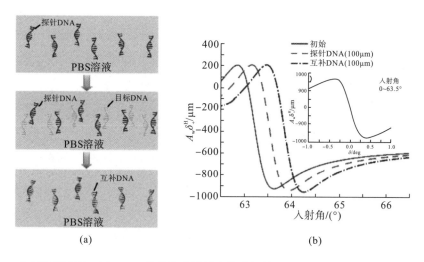

图 8-8　杂交传感过程：(a) SHEL 生物传感波导中传感探针 DNA 和互补靶 DNA 的杂交过程示意图；(b) 当放大角 $\Delta=0.4°$ 时，检测不同 DNA 的过程中，放大的横向位移与入射角的关系(插图为在该生物传感波导中确定的最佳放大角)

　　在阐明 DNA 检测的机理后，对弱测量结果进行了计算。选择放大角 Δ 为 $0.4°$，将样品到 L_2 的距离设定为 220mm。图 8-8(b) 为不同 DNA 检测过程相对应的放大横向位移。显然，曲线的变化趋势与图 8-4(b) 几乎相同，并且放大后的位移达到了可以直接测量的微米量级。加入 100μM 的探针 DNA 后，放大后的 SHEL 曲线向右移动，加入 100μM 的互补 DNA 后，放大后的 SHEL 曲线又向右移动。因此，可以通过该生物传感波导中的 SHEL 折射率和放大位移之间的关系来确定 DNA 分子的浓度和碱基配对信息。此外，在本实验中确定的最佳放大角也很重要。插图为放大位移随放大角 Δ 的变化。当入射角 $\theta_i=63.5°$ 时，放大的横向位移 $A_w \delta_+^H$ 接近最小值。通过将放大角 Δ 调整到 $0.4°$，可以得到最大的放大位移绝对值，而该点更容易被检测到。

　　将入射角固定在适当角度，即放大后位移最小的点。图 8-9 为放大后 SHEL 位移随 DNA 分子浓度的变化，其中放大角选择最佳角度。很明显，随着 DNA 分子浓度的增加，放大后的位移增大。当互补 DNA 的核苷酸数目较多时，SHEL 生物传感波导具有较高的检测灵敏度。当互补 DNA 的核苷酸数目较少时，其检测范围较广。此外，本章提出的基于生物传感波导的弱测量能够充分抑制技术噪声，提高信噪比。

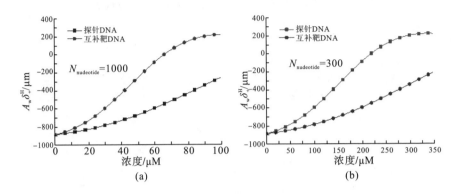

图 8-9 不同的 DNA 分子核苷酸数目对应放大后的横向位移与 DNA 浓度之间的关系：(a) 核苷
酸数为 1000；(b) 核苷酸数为 300

8.3 太赫兹石墨烯波导的传感特性研究

对于可见光和近红外光，通常使用金属材料来激发 SPR 现象。然而，由于金属在中远红外及太赫兹 (THz) 波段表现出完美电导体的属性，所以在这些波段 SPW 并不能在金属表面传播。近年来，基于远红外和太赫兹波段的 SPR 器件得到了广泛研究，研究者对石墨烯激发 SPR 的原理十分关注。与金属相比，石墨烯能激发出更强的 SPW，这就表示石墨烯能够用于增强 SPR 与物质的相互作用。通过研究发现，在远红外和太赫兹波段石墨烯的有效介电常数满足 Drude 模型[294,295]，同时，外加静电场或磁场可以改变其介电常数。此外，石墨烯分子的载流子浓度非常低，它对外部激励响应具有超宽的可调空间，这为各种新型微纳集成光学调制器的定制提供了可能性。

在太赫兹波段，光子入射到石墨烯内，此时 $h\omega < 2E_F$，因此带内跃迁占主导地位，不能发生带间跃迁。在外加磁场的情况下，电荷载流子发生回旋运动，可以将石墨烯的半经典有效介电常数张量写为

$$\sigma_G = \begin{bmatrix} \sigma_{xx} & \sigma_{xy} \\ \sigma_{yx} & \sigma_{yy} \end{bmatrix} \tag{8-12}$$

对角元素满足：

$$\sigma_{xx}(\omega, B) = \frac{2D}{\pi} \cdot \frac{1/\tau - i\omega}{\omega_c^2(\omega + i/\tau)^2} \tag{8-13}$$

式中，$D = 2\sigma_0|E_F|/h$，$\omega_c = eBv_F^2/|E_F|$。

非对角元的元素满足：

$$\sigma_{xy}(\omega,B) = -\sigma_{yx}(\omega,B) = -\frac{2D}{\pi} \cdot \frac{\omega_c}{\omega_c^2 - (\omega + i/\tau)^2} \tag{8-14}$$

前面提到，在可见光范围，波导能够利用 SPR 现象来增强 SHEL，那么在太赫兹波段呢？通过转移矩阵法和自旋横移公式并结合石墨烯的介电张量来计算此时的结果。在该结构中使用棱镜耦合，TM 偏振光以一定的角度入射，棱镜使用的是 Ge 棱镜，这是一种在太赫兹波段常用的高折射率棱镜[296]，它的折射率为 4。将 NFC（聚羟基苯乙烯的衍生物）在丙二醇单甲醚乙酸酯中进行稀释，然后旋涂到棱镜表面。这是一种不导电的材料，通常用作平版印刷过程中的底层，它的折射率为 1.535[297]。同时，它也可以与石墨烯形成相对温和的接触。随后，将一片厚度为 0.5nm 的石墨烯涂在 NFC 层的顶部，最后把传感分析层直接置于石墨烯薄膜表面，此时波导结构如图 8-10 所示。

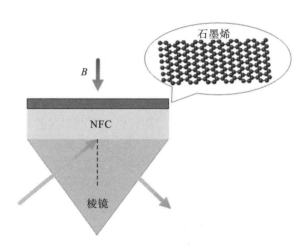

图 8-10　太赫兹石墨烯波导结构图

将该波导结构放置于空气中，使用频率为 5THz 的电磁波入射到该结构，计算此时在入射角变化时反射率的变化情况，如图 8-11 所示。从图中可以明显看出，在反射谱线上 48° 附近能够观察到一个明显的吸收峰。这是由于此时的石墨烯具有金属的特征，具有较大的介电损耗，所以可以看到一个 SPR 曲线。为了能直观地了解此时石墨烯波导中的能量分布，用有限元法计算此时在共振角附近的场分布。从图中可以看出，石墨烯起到了类似金属的作用，左侧入射的电磁波在石墨烯-介质的界面产生了 SPR。因此，可以认为在该结构下激发的 SPR 也能很好地增强 SHEL。

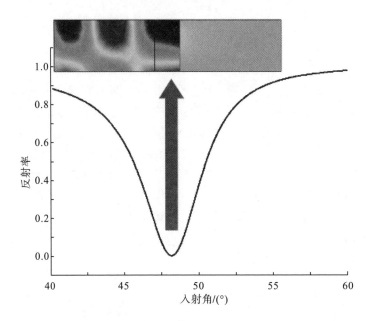

图 8-11　太赫兹石墨烯波导激发 SPR

　　下面将系统地研究由不同参数引起的自旋横移变化，以保证设计的波导结构能够获得最大的灵敏度。在图 8-12 中，分别讨论了不同参数的石墨烯材料的费米能级 E_f、外加极向磁场 B、石墨烯弛豫时间 τ 及 NFC 薄膜厚度 d_s 产生的自旋横移。当改变石墨烯的费米能级和 NFC 薄膜的厚度时，不仅所产生的最大和最小自旋横移值会发生变化，而且位移最大和最小所对应的入射角也会发生明显改变。而当石墨烯弛豫时间改变时，出现自旋横移最大和最小所对应的入射角不会改变，但是该入射角所产生的自旋横移大小会发生明显变化。而当施加的极向磁场从 0.5～2T 时，自旋横移虽然有变化，但是并不会太大。最终，将这几个参数均设定成最佳参数，石墨烯费米能为 1eV，外加极向磁场为 1T，弛豫时间为 1ps，NFC 薄膜厚度为 5μm 以保证自旋横移能达到最大，这样该波导结构才能获得更好的传感性能。

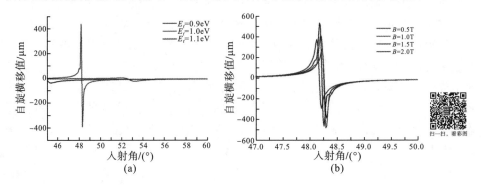

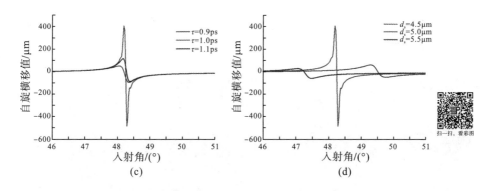

图 8-12　石墨烯波导中的参数对反射光自旋横移的影响：(a) 石墨烯的费米能级 E_f；(b) 外加极向磁场 B；(c) 石墨烯的弛豫时间 τ 对反射 SHEL 的影响；(d) NFC 薄膜厚度 d_s 对反射 SHEL 的影响

　　在当前参数下，自旋横移能达到的最大值为 489μm。如果增大传感介质的折射率，那么在 SHEL 曲线上出现自旋横移最大值的入射角也会相应地改变。从图 8-13 可以看出，当折射率从 1～1.4 时，其最大灵敏度为 45.6deg/RIU。将 NFC 薄膜换成 PMMA(聚甲基丙烯酸甲酯，n_s=1.45) 以进一步观察对基底薄膜的影响，此时出现自旋横移最小值的入射角将减小，而最大灵敏度则略微减小，等于 41.3 deg/RIU。

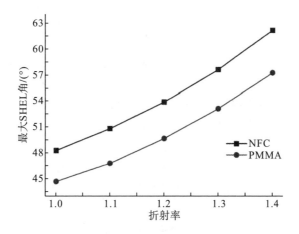

图 8-13　不同传感介质折射率的最大 SHEL 入射角

　　而在实际的实验过程中，仍然可以运用量子弱测量来检测 SHEL 中的自旋相关分裂。它可以放大 SHEL 中的自旋横移，并利用 CCD 来接收经过放大的光信号。详细的实验方案和原理可以参考 8.1 节的内容。假设入射角为 46.2°，入射频率为 5THz，其余参数均选择前面提到的最优值。根据图 8-14 可以观察到放大角度分别为–2°、0° 和 2° 时由 CCD 接收的光斑分布，当放大角不等于 0° 时，理论光斑分布将不对称，光斑的重心也会随之变化。

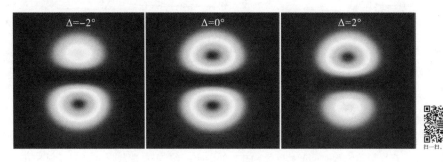

图 8-14　经弱测量放大后 SHEL 的理论光斑分布

8.4　本　章　小　结

　　本章分别研究了在可见光波段和 THz 波段的 SPR 增强 SHEL 现象，设计了两种不同的波导结构以在该波段增大 SHEL 自旋相关位移，并研究了该波导的传感特性。

　　在第一项工作中，设计了一种基于 SHEL 的 DNA 杂交检测光学生物传感波导。该结构由 BK7 棱镜、Ag、SiO$_2$、Au 和石墨烯-MoS$_2$ 异质结组成，产生了 WCSPR 效应，极大地增强了 SHEL。石墨烯-MoS$_2$ 异质结能对生物分子进行吸附，改变传感介质的折射率，进而影响 SHEL 中的自旋相关分裂。通过研究自旋相关位移与传感溶液折射率变化之间的关系，以获得该传感波导的最高灵敏度。由于 SHEL 本身非常微弱，因此采用弱测量信号增强技术来放大自旋横移。这样，该生物传感波导可以成功地检测探针 DNA 与目标靶 DNA 的杂交。

　　在第二项工作中，利用石墨烯在 THz 波段激发 SPR 来增强 SHEL，设计了波导结构并研究了其传感性能，讨论了由不同参数引起的自旋横移的变化并优化了相关参数。在该参数下，自旋横移能达到的最大值为 489μm，最大灵敏度能达到 45.6 deg/RIU。

　　本章系统研究了两种波导结构中的 SHEL 并分析了它们的传感机理及其传感性能，从而为新型传感器件的研究提供了一种可能。

第 9 章 表面等离子体共振增强的磁光光自旋霍尔效应

SHEL 作为一种灵敏的光学现象，引起了研究者的浓厚兴趣。而利用磁光效应对 SHEL 进行有效调控则为自旋光子学的实际应用开辟了新的方向。同时，SHEL 和 MOSHEL 也是一种波长量级的微弱光学现象，如何在不介入复杂弱测量系统的情况下，利用磁光效应实现对 MOSHEL 的增强和调控是本章将要探讨的内容。

本章设计了一种基于双金属磁光薄膜 SPR 增强的 MOSHEL 结构，利用磁光材料 Ce:YIG 和金银双金属膜研究棱镜耦合 SPR 结构中的 MOSHEL。与单金膜相比，双金属膜 SPR 的反射率更小，在共振角处磁场对横向位移的调控能力可达到 13μm 且 SPR 和 SHEL 可由磁场同时调制。通过调节磁光层和双金属薄膜的厚度，揭示了 MOSPR 和 MOSHEL 的内在联系。最后，将所设计的结构应用于折射率传感，并给出一种 MOSHEL 折射率传感光路。

9.1 表面等离子体共振简介

通常情况下，物质的凝聚状态有三种：固态、液态及气态。当物质受到外界足量的能量激发，如高温或电磁波等，其外层电子将挣脱与原子核之间库仑力的束缚，发生电离。此时原物质就变成由正离子及电子组成的一种全新的物态——等离子体(plasma)[298]。当金属受到电磁波的能量激发时，其内部电子会变得更加活跃，分布也变得更不均匀。在正电荷多的区域内，电子会在库仑力的作用下被吸引，在越过平衡位置后继续运动的过程中，电子受到正电荷的斥力越来越大，最终又被"弹出"这一"正能量"区域。这一过程不断重复，最终形成所有电子的集体振荡，并以波的形式向外传播，这就是等离子波。当一束光照射在金属-电介质的界面并发生全反射时，会在第二介质表面形成倏逝波。此时，金属受到光波能量的激发产生等离子波，两波相遇可能发生共振，即 SPR。其光学现象表现为：当发生 SPR 时，入射光波的能量从光子的形式转化为表面等离子体的形式，对应入射角的反射率急剧下降，反射光的强度大幅减弱，其入射角-反射率曲线将形成一个吸收峰。

1902 年,伍德在实验室的工作中偶然发现了 SPR 这一新奇现象:金属光栅的衍射光出现了不同于衍射光斑的不规律变化[1]。在之后的几十年,无论是理论分析还是实际应用,人们都没能取得关于 SPR 研究的实质性进展。直到 1941 年,Fano 通过电磁波的边界条件和传播理论对伍德发现的实验现象进行了理论分析[2]。1971 年,Kretschmann 设计了以自己名字命名的棱镜耦合结构以激发 SPR,为 SPR 应用于传感结构奠定了物质基础[3]。1990 年出现了商用的 SPR 快速分析检测仪器。现在,SPR 已经在医疗卫生、药剂检测、食品安全等方面发挥了巨大作用[8]。

我们知道,SHEL 的横向分裂通常在波长尺度,在实验中很难直接观察到。人们希望能够通过某种方式来实现对 SHEL 的增强和放大。1977 年,Ferguson 发现可以通过激发 SPR 的方式来增强 TMOKE[299]。2006 年,Sepúlveda 设计了一种由 Au-Co-Au 三层金属组成的薄膜结构,实现了对磁光表面等离子体共振(magneto-optic surface plasmon resonance,MOSPR)的测量,并设计了基于 MOSPR 的生物传感器[242]。2016 年,周新星和凌晓辉发现:在由玻璃-金属-空气构成的三层结构中可以利用激发 SPR 来实现对 SHEL 的增强[81],并对这一现象进行了合理的理论分析。这一发现为实现对 SHEL 的灵活调控提供了新的途径,并为开发 SPR 增强的 SHEL 传感器等应用提供了理论支持。

SPR 增强 SHEL 的机理可由此得出,当金属-电介质界面的 SPR 被 H 偏振光激发时,共振角附近 p 光的反射系数 r_p 剧减,而 s 光的反射系数 r_s 基本不变,故二者比值 r_s/r_p 在共振角附近得到了明显增强,对应的自旋横移也随之增大。

基于此推断,当发生 SPR 的金属是磁性金属或电介质材料是磁光材料时,便可实现磁场对 SPR 的实时调控,在光波能量激发 SPR 的同时,SHEL 也会增强。这样便可以通过外加静磁场的方式实现对 SPR 和 SHEL 的同时调控及对 SHEL 的增强。本章主要研究磁光材料和双金属膜棱镜耦合结构中的 MOSHEL。通过调节磁光层和双金属薄膜的厚度,发现 SPR 和 SHEL 可以同时由磁场调制,在最佳参数下磁场对 SHEL 质心横向位移的调制能力高达 13μm。与单层 Au 膜的 SPR 结构相比,双金属膜 SPR 的反射率更小,这意味着更好的 SPR 响应和 SHEL 的增强效果。

9.2　基于磁光双金属薄膜的磁光光自旋霍尔效应的结构设计

该结构设计主要分为三个部分:激发 SPR 模式的选择、电介质材料的选择和金属层材料的选择。棱镜耦合结构因其结构简单,成本低廉,成为激发 SPR 最普遍的方式之一。经典的棱镜耦合结构有 Otto 结构和 Kretschmann 结构两种,如图 9-1 所示。

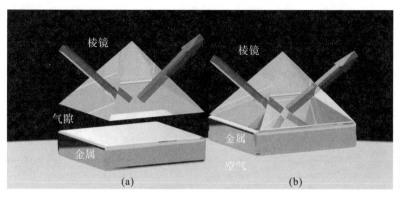

图 9-1　两种棱镜耦合激发 SPR 的结构：(a) Otto 结构；(b) Kretschmann 结构

入射 p 偏振光的光波能量通过棱镜耦合至波导结构并激发 SPR。Otto 结构要求棱镜与金属间存在厚度在亚微米量级的气隙，这在实际操作中难以实现。而 Kretschmann 结构不需要任何辅助设备即可实现对 SPR 的激发，操作方便，使用灵活，在实验中广泛应用。因此，本章选用该结构作为棱镜耦合激发 SPR 的方式。棱镜材质选择最常用的 BK7 材料。

激发 SPR 必须满足金属-电介质两种材料介电常数一正一负的激发条件[80]，要想实现磁场对光场的实时调控，要求金属层为铁磁性材料或电介质层为磁光材料。相对于常见的铁磁性金属，Ce:YIG 具有更低的光损耗，以及从可见光到近红外范围的强磁光响应，这对于实现对 SHEL 有效的磁场调控非常有益。此外，由于 Ce:YIG 本身就是一种铁的氧化物，其化学性质比较稳定，所以具有可以用于生化传感的优良品质。

要想将设计结构应用于 MOSHEL 传感，那么接触待测溶液或物质的金属层必须具有抗氧化、抗腐蚀、耐酸碱的特点，且应具有较好的 SPR 响应，具体表现为其共振角处具有更低的反射系数。相对于经典的单层 Au 膜和单层 Ag 膜结构，由 Au-Ag 两层金属薄膜组成的双金属膜能够实现更小的反射率和更大的倏逝场增强[300]，因此同时具有较好的 SPR 响应和生化传感特性，是金属层材料的优良选择。

综合以上分析，可以确定用于实现 MOSPR 增强的 MOSHEL 结构，如图 9-2 (a) 所示。该结构由五层组成，分别为棱镜-传感层、Ce:YIG-磁光层、Au 膜和 Ag 膜组成的双金属层和水或待测溶液组成的传感层。显然，在这一结构中，入射面为 $x\text{-}o\text{-}z$ 平面，自旋相关横移即 SHEL 发生在 y 轴方向上。图 9-2 (b) 为该结构在共振角处光场能量的分布。从图中可以看出，光波能量主要集中在 Au-水界面，这意味着这一结构对于液体折射率的改变非常灵敏，有利于实现液体的 MOSHEL 折射率传感。

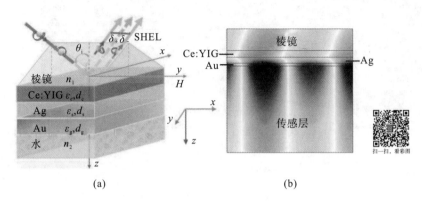

(a) (b)

图 9-2 磁光双金属结构原理图：(a)磁光双金属结构中反射光的 SHEL 示意图；(b)所设计结构在共振角处光场分布的有限元仿真结果

9.3 仿真计算及结果分析

正如我们所知，可以通过 SPR 来增强 SHEL 的自旋横移值，也可以利用磁场来调控 SPR 和 SHEL。那么是否能够利用 MOSPR 来增强 MOSHEL 呢？本节将对比在不同 Ce:YIG 和双金属层厚度的情况下，磁场对反射率和 SHEL 的调控作用，并找出二者的对应规律，同时找到有利于磁场调控的磁光层和双金属层的最佳厚度，最后讨论 MOSPR 增强 MOSHEL 的机理。

9.3.1 仿真计算

在 TMOKE 的作用下，假设外加静磁场足够大，Ce:YIG 已经达到饱和磁化强度，此时介电常数可用一个三阶张量来表示：

$$\varepsilon_{c} = \begin{bmatrix} \varepsilon_{c0} & 0 & \varepsilon_{c1} \\ 0 & \varepsilon_{c0} & 0 \\ -\varepsilon_{c1} & 0 & \varepsilon_{c0} \end{bmatrix} \tag{9-1}$$

当光源是工作波长为 632.8nm 的 He-Ne 激光器时，式中，Ce:YIG 的介电常数主对角元 ε_{c0}=5.963+0.134i，非主对角元 ε_{c1}=−0.02027+0.003317i，如图 9-3(a) 所示，标记各层的介电常数及厚度：棱镜折射率 n_1=1.515，水折射率 n_2=1.333，Au、Ag 的介电常数分别为 ε_{g}=−10.98+1.464i 和 ε_{s}=−17.81+0.067i。当双金属层的总厚度小于 60nm 时，较易激发 SPR[301]，因此假设 Au、Ag 层的初始厚度分别为 15nm 和 30nm，Ce:YIG 厚度为 30nm，观察此配置下磁场对反射率和自旋横移的

影响如图 9-3 所示。图中，R 为系统的反射率，TS 为 SHEL 的横向位移。显然，磁场对反射率和 SHEL 均有一定的调控作用，因为未对厚度参数进行优化，因此调控效果并不明显。

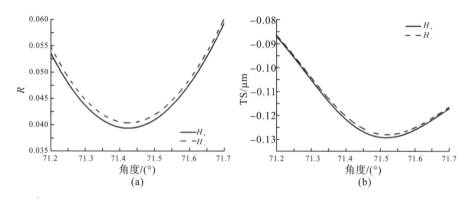

图 9-3　磁场反向对反射率和自旋横向位移的影响：(a) 磁场反向对反射率的影响；(b) 磁场反向对自旋横移的影响

为了更加清晰地观察磁场对反射率和 SHEL 的调控能力，定义

$$R_{\mathrm{MO}} = \frac{R(H_+) - R(H_-)}{R(H_+) + R(H_-)} \tag{9-2}$$

式中，$R(H_\pm)$ 分别为在正向和反向磁场条件下的反射系数。用 R_{MO} 来表征磁场对 SPR 的调控能力，即 MOSPR 的大小。定义

$$\mathrm{TS}_{\mathrm{MO}} = \mathrm{TS}(H_+) - \mathrm{TS}(H_-) \tag{9-3}$$

式中，$\mathrm{TS}(H_\pm)$ 分别为在正、反向磁场下 SHEL 质心横移的大小。因此，$\mathrm{TS}_{\mathrm{MO}}$ 可以表征磁场对 SHEL 的调控能力，即 MOSHEL 的大小。

下面以此厚度为基准，分别改变 Ce:YIG、Ag 和 Au 层的厚度，作出 R_{MO} 和 $\mathrm{TS}_{\mathrm{MO}}$ 的图像。如图 9-4 所示。保持磁光层厚度和 Au 层厚度不变，改变 Ag 层厚度，观察 R_{MO} 和 $\mathrm{TS}_{\mathrm{MO}}$ 随入射角的变化规律，如图 9-4(a) 和图 9-4(b) 所示。从图中可以看出，当 Ag 膜厚度为 28nm 时，可以得到更好的吸收峰和更大的 $\mathrm{TS}_{\mathrm{MO}}$。图 9-4(c) 和图 9-4(d) 与前述类似，固定磁光层和 Ag 层厚度不变，改变 Au 层厚度，发现当 Au 层厚度为 13nm 时的磁光效应更好。图 9-4(e) 和图 9-4(f) 为固定双金属层的厚度，发现磁光层厚度的变化对 R_{MO} 和 $\mathrm{TS}_{\mathrm{MO}}$ 的影响并不明显。根据上述分析，由双金属膜的厚度便可确定为 Ag 层 28nm，Au 层 13nm。而 Ce:YIG 的厚度仍不明确，所以需要继续综合考虑入射角对磁光效应的影响。

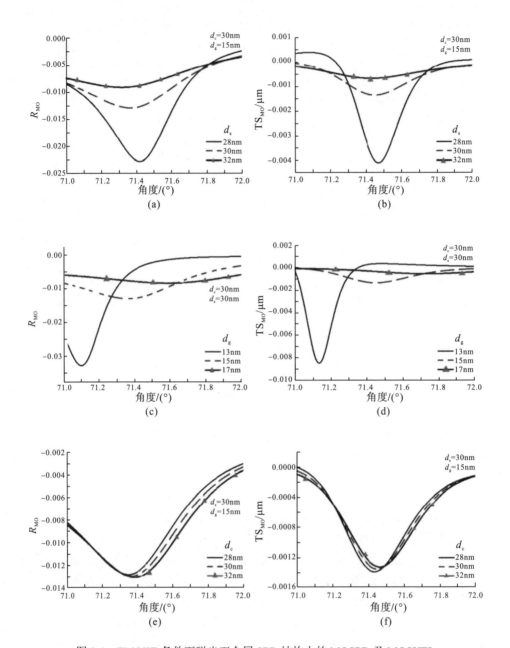

图 9-4   TMOKE 条件下磁光双金属 SPR 结构中的 MOSPR 及 MOSHEL

　　为了找到最佳的 Ce:YIG 厚度和入射角，以厚度和入射角这两个参数为变量，做出 TS_{MO} 的二维等高强度图，如图 9-5 所示。

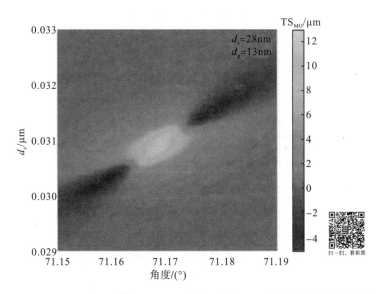

图 9-5　MOSHEL 器件中 TS_{MO} 随磁光层厚度及入射角变化的等高线图

由图 9-5 可以看出，在 Ag=28nm、Au=13nm 的双金属厚度下，当 Ce:YIG 厚度为 31nm，入射角为 71.17°时，可以得到较大的 TS_{MO} 值，约为 13μm。此时，得到磁光双金属结构的最佳厚度。

9.3.2　仿真结果分析

在得到最佳厚度参数后，需要研究在这一参数下磁场对 R_{MO} 和 TS_{MO} 的影响，并探究二者之间的内在联系和规律。

图 9-6(a) 和图 9-6(b) 显示了在 d_c=31nm、d_s=28nm、d_g=13nm 的情况下，磁场对反射率(R)和自旋横移(TS)的影响，为使数据更加直观，此处反射率取对数。图 9-6(c) 和图 9-6(d) 描述了 R_{MO} 和 TS_{MO} 随入射角的变化。作为对照，Ce:YIG 薄膜的厚度也选择了三个不同的值：29nm、最佳厚度 31nm 和 33nm。对比图 9-6(a) 和图 9-6(b) 可以发现，在各层均为最佳厚度的情况下，磁场对反射率和自旋横移的调控能力都得到了大幅增强。众所周知，图中的反射率 R 为反射系数 r_p 的平方值，在共振角附近，r_p 的值急剧减小，而 r_s 的值几乎没有变化，这将导致 r_p/r_s 的值急剧增大，自旋横移也相应增大。这就是 SPR 增强 SHEL 的机理，并且相同颜色曲线的峰值位置位于同一角度，这正是这一机理的直接体现。

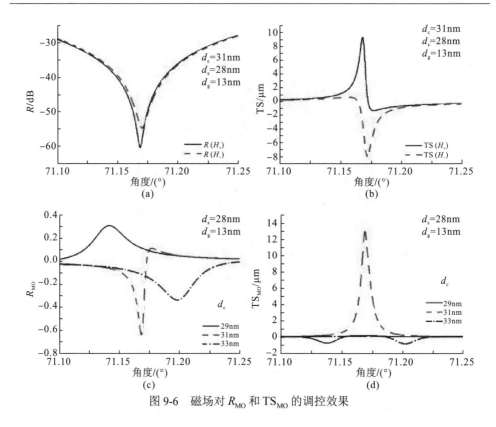

图 9-6   磁场对 R_{MO} 和 TS_{MO} 的调控效果

对比图 9-6(c) 和图 9-6(d) 中相同颜色的曲线发现，当最佳磁光层厚度 d_c=31nm 时，在 R_{MO} 和 TS_{MO} 的峰值角度处获得了约 13μm 的最大增强，这是因为当 SPR 的吸收峰比较尖锐时，磁场对 SPR 的调控作用非常显著，且 SHEL 获得了较大增强，此时在正、反向磁场下的自旋横移值通常较大且峰值是反号的，从而同时出现较大的 R_{MO} 和 TS_{MO} 的值，即 MOSPR 和 MOSHEL 的峰值同时产生。

此外，还发现其他颜色曲线的峰值位置并非完全一致，而是略有差别。这是因为 R_{MO} 是一个经过优化处理后的数据，决定其峰值的主要因素是 $R(H_+)$ 和 $R(H_-)$ 的差值。从图 9-6(a) 中可以看出，由于磁光电介质非互易性相移的存在，这两个参数的峰值位置略有偏差。同理，MOSHEL 的情况也是一样的，因为这些因子的变化规律各不相同，从而导致这两个差值的峰值具有微小的区别。

最后，为了证明在相同条件下双金属薄膜结构相对于单层 Au 膜具有更小的反射率峰，本章还研究了单金属层结构(棱镜/Ce:YIG/Au)的最小反射率。在反向饱和磁场的作用下，当入射角为 83° 时，Ce:YIG 膜厚为 70nm，Au 膜厚为 27nm 时，可以得到最小反射率，约为-55dB，如图 9-7 所示。通过将最佳双金属厚度的最小反射率-60dB 与图 9-5(a) 中的反射率最小值-55dB 进行比较，可以证明所述的棱镜耦合磁光双金属薄膜结构可以获得比传统单 Au 薄膜结构更小的反射率，这就意味着该结构有着更好的 SPR 响应和更大的 SHEL 增强效果。

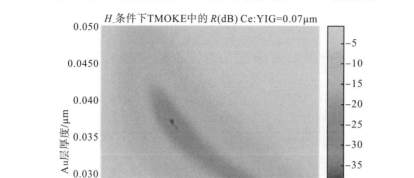

图 9-7　具有单层 Au 膜的 MOSHEL 器件反射率的等高图

9.4　基于表面等离子体共振增强的磁光光自旋霍尔效应折射率传感设计

利用双金属 SPR 可以实现对 MOSHEL 的增强和调控，且 MOSHEL 对传输介质折射率的变化异常敏感，具有适用于传感的优良特性。针对这一特性，本章设计的基于 SPR 增强的 MOSHEL 折射率传感光路如图 9-8 所示。

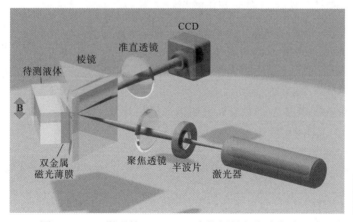

图 9-8　SPR 增强的 MOSHEL 液体折射率传感实验光路示意图

　　沿光传播的方向，各光学器件及其基本作用分别为：He-Ne 激光器，输出波长为 632.8nm 的线偏振光；半波片，产生 $\lambda/2$ 的相位延迟；聚焦透镜，聚焦入射光；静磁场，竖直方向；由棱镜-双金属磁光薄膜-待测液体(物质)组成的传感单元，激发 SPR 并产生增强的 MOSHEL；准直透镜，准直光线；CCD，接收光信号。

　　在具体的传感实验中，这些器件相互配合、相互关联，实验原理就变得十分容易理解了。由 He-Ne 激光器出射具有高偏振度的线偏振光。通过旋转半波片的方式可调节入射线偏振光的偏振方向，因激发 SPR 需要 H 偏振的入射光，故需对半波片出射的光进行检偏，以满足实验要求。检偏方法有多种，在示意图中并未给出。通过调节聚焦透镜的焦距或位置，可以实现对入射光束腰半径的调节。光线在进入棱镜后以 Kretschmann 结构的形式耦合至双金属磁光薄膜，激发 SPR。从图 9-2(b)可以看出，光波能量集中于金属-待测溶液界面，所以当待测溶液的折射率发生变化时，反射光中增强的 MOSHEL 会发生明显变化。经传感单元反射后的发散光经准直透镜后变为平行光束，因此准直透镜与聚焦透镜需满足共焦条件。CCD 将接收到的光信号进行可视化，并计算质心位置等重要信息。

　　本实验设计具有以下优点。

　　(1)结构简单，未使用弱测量方法，极大地简化了实验光路，降低了实验难度和实验成本。

　　(2)由于直接接触待测溶液的部分为双金属磁光薄膜的 Au 层，因此该传感系统具有较强的化学稳定性，可以实现对各种酸碱溶液的折射率传感(王水除外)。

　　(3)除溶液外，也可实现紧贴 Au 层表面物质的折射率传感。

　　(4)利用 MOSHEL 作为折射率变化的指针，具有较高的灵敏度。

　　同时，该设计也存在一些不足之处。

　　(1)实验前需要对入射光检偏以保证 H 偏振光入射，不够简单方便。

　　(2)激光器出射的线偏振光的偏振度通常不够高，而引入其他方向的偏振光会影响实验结果。

　　(3)SHEL 的自旋横移通常为波长的数倍，SPR 纵使已极大地增强 SHEL，但在磁场的作用下，其 MOSHEL 依然仅有 13μm。虽然已经能够利用 CCD 加以探测，但其放大效果仍有待提升。

　　若要进一步实现对待测溶液折射率的测量，实验前需利用已知折射率的多组溶液对相应折射率溶液下测得的 MOSHEL 值进行标定。然后根据测得的 MOSHEL 值即可反推出溶液折射率。

9.5　本　章　小　结

本章提出一种由棱镜/Ce:YIG/Ag/Au 和水组成的磁光双金属膜 SPR 结构来实现对 MOSHEL 的增强和调控。

9.1 节总结了 SPR 技术的发展现状和激发原理,根据理论分析做出合理推断:当激发 SPR 必需的金属材料和电介质材料其中之一具有磁光特性,则可以通过磁场对 SPR 进行调控的同时,利用 SPR 对 SHEL 进行增强和调控,即利用 MOSPR 来调控 MOSHEL。

9.2 节分析了棱镜耦合模式的特性,确定了棱镜耦合激发 SPR 的方法。创新性地提出利用棱镜-磁光材料 Ce:YIG/金银双金属/水的多层结构来实现对 MOSHEL 的增强和调控。通过调整磁光材料和 Au、Ag 材料的厚度确定了各层厚度,优化了结构参数。

9.3 节在最佳厚度的条件下,验证了磁场对 SPR 和 SHEL 的调控能力,在共振角处实现了 13μm 的 TS_{MO},从而证明该结构具有良好的 MOSHEL。通过对 R_{MO} 曲线和 TS_{MO} 曲线的比较,发现上述曲线吸收峰的位置几乎相同,这证明了磁光效应可以实现对 SPR 和 SHEL 的同时调控,且调控峰值会同时出现。此外,还对比了将双金属膜替换成 Au 膜后其反射率随入射角及 Au 膜厚度的变化规律,印证了双金属结构较单层 Au 膜结构具有更好的 SPR 响应的结论。最后,讨论了 MOSPR 增强 MOSHEL 的机理,并做出了合理解释。

9.4 节利用前面的结论设计了一种基于 SPR 增强的 MOSHEL 折射率传感光路。该传感系统具有结构简单、测试物质种类丰富、耐酸碱且灵敏度高等诸多优点,可用于溶液、固体和气体的折射率传感和探测。

本章以仿真工作为主,设计了一种利用 SPR 实现对 MOSHEL 的增强和调控的结构。利用该结构设计了一种 MOSHEL 折射率传感光路,这对 MOSHEL 的传感器结构设计和实际应用具有重要的参考意义。

第 10 章　磁光光自旋霍尔效应的液体折射率传感

10.1　磁光光自旋霍尔效应液体折射率传感系统的仿真设计

　　MOSHEL 液体折射率传感系统主要由以下几部分组成：H 偏振入射的单色光源，反射光紧贴待测溶液样品的磁光传感芯片，调节反射光偏振态(放大角)的后选择装置，最终光信号被连接电脑的 CCD 接收。这样，在磁场的调控下，由待测溶液样品折射率变化引起的光束质心位置的变化，最终将转化为电脑显示的光束质心的坐标信息，从而实现对待测溶液样品折射率变化的直观表征。由此可见，传感芯片的厚度、介电常数、入射角、放大角等主要参数对传感系统有着重大影响。本节将从仿真方面对上述传感系统的重要参数进行设计和优化。

10.1.1　磁光传感芯片的材料与结构设计

　　磁光传感芯片是指含有磁光材料的单层或多层微纳结构，而磁光材料是由铁钴镍这三种金属的单质、合金或化合物构成的具有磁光效应的功能材料[302]。作为基本的磁光材料，三种金属的单质形式有其固有缺陷：铁的单质易于获取，但在空气和溶液中极易氧化、生锈，不利于长时间的保存或工作；钴的理化性质很稳定，但钴和钴的化合物属于 2B 类致癌物[303]；镍具有较好的延展性和耐腐蚀性，但也是最常见的致敏性金属[304]。除此之外，根据磁光转移矩阵法和角谱理论可以分析出，材料介电常数三阶张量的非主对角元越大，磁光效应越强。但这三种金属在可见光波段的介电常数都比较小，从而限制了其作为磁光材料的应用。鉴于此，人们希望找到合适的铁氧化物或通过人工合成铁氧化物的方式来创造新的磁光材料。1958 年，J. F. Dillon 观察到钇铁石榴石(yttrium iron garnet，化学式为 $Y_3Fe_5O_{12}$，简称 YIG)在近红外光的法拉第旋转[305]。1969 年，Kurtzig 发现硼酸铁(化学式为 $FbBO_3$)是一种透明的磁光材料[306]。1981 年，P.Hansen 利用 Ga、Ge、

Ti 等金属元素对 YIG 进行人工掺杂, 开创了替代研究的先河[307]。1990 年, Gomi 等实现了掺铈(Ce)的 YIG 盘[308]。

用于制作磁光传感芯片的磁光材料需要满足几个条件: 具有较强的磁光效应、抗氧化、具有长期稳定性、光吸收小、具有良好的工艺重复性。基于此, 本章选用掺铈钇铁石榴石(Ce:YIG)晶体作为磁光传感芯片的主要材料, 原因主要有以下几点。

(1)磁光效应较强。在可见光波段, Ce^{3+} 的磁光效应较强, 其法拉第转角高达 $10°/\mu m$, 反射光的克尔效应也较大, 有利于对 SHEL 进行磁场调控。

(2)具有较好的化学稳定性。Ce:YIG 本质上是一种铁的氧化物, 不会再氧化; 同时其具有较强的耐酸性, 在酸性溶液环境下, 其磁光效应的衰减极小。所以, 它适合应用于液体的折射率传感。

(3)光损耗较小。作为一种纳米尺度的近透明晶体, 光在晶体中反射或透射的衰减很小, 从而有利于对反射或透射光的接收和探测。

(4)制作工艺较为成熟。利用脉冲激光沉积法(pulsed laser deposition, PLD)可对 Ce:YIG 薄膜的厚度进行精确控制, 具有良好的工艺重复性。

由于制作工艺的原因, 首先需要在 SiO_2 衬底上沉积 30nm 厚的 YIG。然后将 YIG 作为种子层, 于其上再沉积所需厚度的 Ce:YIG 薄膜(通常为数十纳米)。因此, 磁光传感芯片可确定为 SiO_2/YIG/Ce:YIG 的三层薄膜结构。当入射光波长为 632.8nm 时, SiO_2 衬底的折射率为 1.45, 厚度约为 1mm; YIG 的磁光效应微弱, 可视为非磁光材料, 折射率为 2.38, 厚度为 30nm; Ce:YIG 为磁光材料, 其介电常数三阶矩阵的主对角元为 $\varepsilon_{Ce:YIG} = 5.9197 + 0.1966i$, 非主对角元为 $\varepsilon_{off} = -0.0191 + 0.1966i$, 厚度将在下面进行讨论。

10.1.2　传感系统最佳参数的优化

本章设计的 MOSHEL 液体折射率传感系统的 3D 结构示意图如图 10-1(a)所示, 该系统主要由三部分组成: 作为耦合层的棱镜, 由 SiO_2、YIG 和 Ce:YIG 组成的磁光层即磁光传感芯片及传感层(待测溶液样品)。

在 TMOKE 的情形下, 即沿垂直于入射面的方向施加静磁场, 磁光层(即 Ce:YIG)介电张量的主对角元为 $\varepsilon_{c0} = 5.9197 + 0.1966i$, 即 Ce:YIG 在未施加外加磁场时的介电常数, 非主对角分量 ε_{c1} 由磁光层的饱和磁化强度决定, 其符号由横向磁场的方向决定。需要指出的是, Ce:YIG 是 YIG 的铈掺杂产物, 其介电常数会因实际的掺杂比例而略有不同。从图 10-1(d)可以看出, 在入射角 θ_i 约为 56° 时, r_p 趋于零, 此时 r_s 与 r_p 之比非常大, 自旋横移 δ_r^H 也非常大。

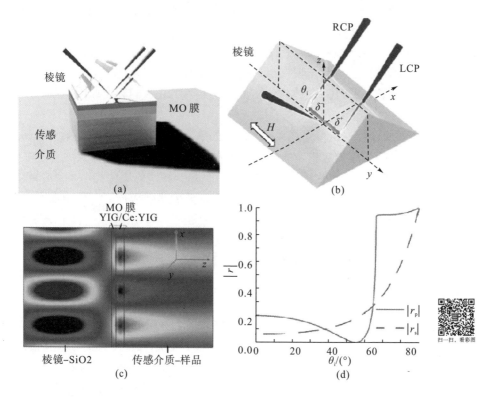

图 10-1 结构及其特征：(a) MOSHEL 液体折射率传感系统的 3D 结构示意图；(b) MOSHEL 示意图；(c) 该结构的磁场 H_y 分量的有限元仿真结果；(d) 未施加磁场时，多层结构的菲涅尔反射系数 $|r_p|$ 和 $|r_s|$

由以上的分析可以看出，磁场的改变使磁光层的介电常数发生变化，进而改变结构的反射系数，最终引起弱测量放大后自旋分裂的微小变化。为了简化表述，定义 H 偏振光在正向磁场下的自旋横移值为 δ_H^+，以此类推，反向磁场下的自旋横移值为 δ_H^-。为了描述磁场对 SHEL 的调控效果，定义一个新的变量：

$$\delta_{MO} = \delta_H^+ - \delta_H^- \tag{10-1}$$

δ_{MO} 反映了在 TMOKE 条件下，当磁场由正向变为反向时，自旋分裂光束质心位置的变化。它是表征 MOSHEL 的重要方法。

为了实现对极低浓度的溶液进行折射率传感，假设待测溶液样品的折射率接近纯水的折射率，$n_{sample}=1.333$。在确定样品折射率的大致范围后，为了实现更大的磁光效应即 δ_{MO}，可通过改变入射角 θ_i 和磁光层厚度 $d_{Ce:YIG}$ 来观察不同放大角 Δ 对 δ_{MO} 的影响，如图 10-2 所示。

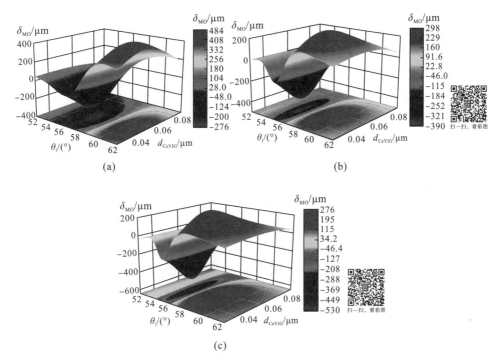

图 10-2　当 n_{sample}=1.333 时，不同放大角下 δ_{MO} 随入射角 θ_i 和磁光层厚度 $d_{Ce:YIG}$ 变化的强度图：

(a) $\varDelta$=0.1°；(b) $\varDelta$=0.2°；(c) $\varDelta$=0.3°

　　从图 10-2 可以看出，当磁光层厚度 $d_{Ce:YIG}$ 为 56nm，放大角为 $\varDelta$=0.3° 时能得到较大的 δ_{MO}，说明此时 MOSHEL 较强。这有利于实验中对分裂光斑的观察，同时也便于利用 CCD 读出 δ_{MO} 的值（实际上是分别读出 δ_H^+ 和 δ_H^- 的值后作差得到 δ_{MO}）。实验中在读数时不可避免地会产生读数误差，这个误差大约是几微米，当 δ_{MO} 较大时，可以有效地降低随机误差。

　　为了确定最佳入射角 θ_i 和具有高灵敏度的样品折射率区间，本章分别作出了在不同放大角下 δ_{MO} 和灵敏度随 θ_i 和 n_{sample} 变化的图像，如图 10-3 所示。

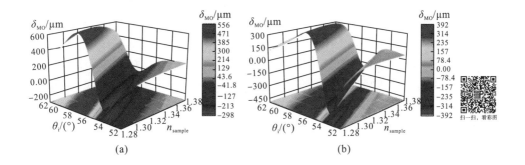

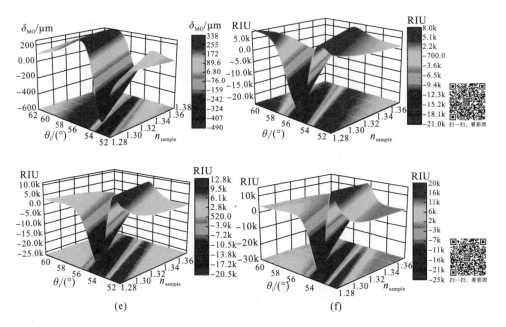

图 10-3　磁光层厚度 $d_{Ce:YIG}$=56nm 时，(a)～(c)当放大角分别为 0.1、0.2、0.3 时，δ_{MO} 随入射角 θ_i 和 n_{sample} 变化的强度图；(d)～(f)当放大角分别为 0.1、0.2、0.3 时，灵敏度随入射角 θ_i 和 n_{sample} 变化的强度图

　　对于 MOSHEL 折射率传感实验来说，希望在传感系统有较强磁光效应的同时，其折射率灵敏度也比较大。从图 10-3(d)～图 10-3(f)可以看出，随着放大角的增大，n_{sample}=1.333 处的灵敏度也逐渐增大。当 Δ=0.3° 时，n_{sample}=1.333，在入射角为 54°～58° 的这一范围内都能够获得超过 $2\times10^4\mu m/RIU$ 的灵敏度，这说明本章所设计的 MOSHEL 传感系统具有非常好的角度灵活性，这对实验测量和实际应用都有非常重要的意义。

10.2　磁光传感芯片样品的制备

　　磁光传感芯片结构如图 10-1(c)所示。实验中用于 MOSHEL 折射率传感实验的磁光传感芯片是通过 PLD 制成的。将 Y_2O_3（纯度 99.99%）、CeO_2（纯度 99.99%）和 Fe_2O_3（纯度 99.945%）粉末通过标准固相反应法获得 $Y_3Fe_5O_{12}$(YIG) 和 $Ce_1Y_2Fe_5O_{12}$(Ce:YIG)陶瓷靶材。激光源是工作波长为 248nm 的 Complex Pro 205 KrF 激光器。由于晶格失配较大，Ce:YIG 在 SiO_2 衬底上难以结晶，因此需要先将 30nm 厚的 YIG 薄膜沉积在 SiO_2 衬底上作为种子层。在沉积 YIG 之前，需将腔室抽真空至 5×10^{-5}mbar 的基压，靶-基距离为 5.5cm。在沉积过程中，衬底温度保持在 400℃，将分压为 $6.7×10^{-3}$mbar 的氧气泵入沉积室。沉积 YIG 后，在氧分压为 2.66mbar 的环境中，快速热退火(rapid thermal annealing，RTA)至 800℃使 YIG 薄膜结晶 3min，然后在 650℃的衬底温度下在 YIG 种子层上沉积 Ce:YIG 薄膜，此时氧分压保持在 $1.33×10^{-2}$mbar。沉积 Ce:YIG 后，薄膜在沉积温度下原位保持 30min，然后以 5℃/min 的速率冷却。这样，本章设计的由 SiO_2/YIG/Ce:YIG 三层薄膜结构组成的磁光传感芯片就制成了。

10.3　磁光光自旋霍尔效应的液体折射率传感实验

10.3.1　磁光光自旋霍尔效应的实验光路及优化

本章设计的实验光路如图 10-4 所示。从右到左依次为：①He-Ne 激光器，输出波长为 632.8nm 的偏振光；②光阑 A 和光阑 B，过滤杂散光，提高成像质量；③半波片，用于调节激光偏振面；④透镜 A(f=100mm)，聚焦光束；⑤格兰偏振镜 A，确保入射光为水平偏振光即确定前选择态，和半波片共同作用可以调节入射光强；⑥磁光传感系统，包括棱镜、微流体通道和磁光传感芯片，如图 10-4 插图所示。棱镜将入射光耦合到传感系统中，磁光传感芯片用折射率匹配液(n=1.45)粘在棱镜上，这样可使芯片位于竖直平面内，从而保证入射面垂直于材料界面。利用永磁体对磁光传感芯片施加竖直方向的静磁场即横向磁场，可产生 TMOKE。微流体通道紧贴棱镜表面，将磁光传感芯片完全罩住，以保证待测溶液样品与磁光传感芯片完全接触。

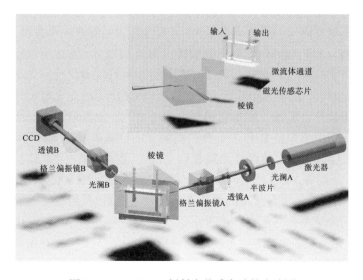

图 10-4　MOSHEL 折射率传感实验的光路图

由下方的通道进样，由上方的通道出样，这样可以确保上一个浓度的溶液完全排尽，并可顺利导出不必要的气泡，提高测量精度。⑦格兰偏振镜 B，确定后选择态，调节放大角；⑧透镜 B（f=250mm），准直光束；⑨电荷耦合器件（CCD），用于成像。

具体实验过程如下。首先，按照设计的实验光路放置各器件，微流体通道中进样第一个浓度的溶液样品，调校光路，保证各光学元件的光轴与光路重合，使透镜 A 与透镜 B 共焦。调节偏振片 A，使入射光为水平偏振光。根据仿真结果调节入射角、放大角，以保证 CCD 上接收到的 SHEL 分裂光斑清晰且无杂斑。然后，在竖直方向上施加正向静磁场，以保证磁光传感芯片在入射点处呈饱和磁化，记录此时 CCD 上光斑的质心位置纵坐标，记为 δ_H^+。反转磁场方向，记录光斑质心位置纵坐标，记为 δ_H^-。二者之差即为此浓度下待测溶液样品的 δ_{MO} 值。再次，进样第二个浓度的待测溶液样品，重复记录该浓度下的 δ_H^+ 和 δ_H^-，得出新的 δ_{MO} 值。以此类推，最终得到 δ_{MO} 关于待测溶液折射率的对应关系。

相比于 Hosten 于 2008 年提出并发表于 *Science* 的 SHEL 实验光路[87]，本章设计的实验光路主要有如下三点重要改进。

(1) 设计并使用了全新的微流体通道，如图 10-4 及其插图所示，该装置具有三大作用，一是实现了待测溶液的连续注入与导出，在注入新的浓度的溶液时，已测过的溶液通过特别设计的通道可以被完全排出；二是通过微流体通道将待测溶液局限在磁光层表面，这样不会渗液体到棱镜表面，干扰实验结果；三是微流体通道表面由吸光材料构成，光的反射率非常低，排除了因多次反射而引起的干扰。

(2) 在第二个偏振镜前加入一个光阑。本章所设计的磁光传感系统本质上是一个棱镜耦合的多层反射系统，光在传播过程中不可避免地会发生多次反射或折射，这就意味着出射光斑除一个主光斑外，在其周围还可能存在一个甚至多个小光斑。利用光阑 B 将这些杂散光斑在入射到偏振镜 B 之前滤除，这样可以极大地提高成像质量，提高实验精度。此外，第二个光阑的加入可以确保反射光路的准直：在准直后选择光路时，由于光路较短，所以只根据 CCD 上的光斑位置是否变化来判断偏振镜、透镜是否放置正确是有相当大的误差的。放置第二个光阑之后，可以通过观察光阑背面偏振镜 B 和透镜 B 的反射光的位置来辅助准直光路。调校反射光路时，先在反射光路上放置好光阑 B 和 CCD，调节光阑大小，使反射光恰能通过光阑孔径，照射在 CCD 的中心位置。然后在后选择光路上放置光学元件，若光斑在 CCD 上的位置不变且光阑背面没有新增反射光斑（反射光与入射光共线），则说明该元件的光轴与光路重合，放置正确。

(3) 在垂直于入射面的方向上施加静磁场。当 CCD 上接收到未加磁场时的经典 SHEL 横移时，可以看到两个质心位置上下对称分布的光斑，在两质心中心是几乎没有能量分布的。这就使得质心在纵向上的位置极不稳定，读数误差非常大。

施加磁场后，由于 TMOKE 的作用，质心位置会向上或向下偏移到重新分布的光斑上。这就使得施加磁场后的质心位置非常稳定，读数误差非常小，从而极大地提高了实验精度。

根据上述分析的结果，再结合实际分裂光斑的成像质量，本章确定 56.75° 作为实际入射角。在实验中，实际入射角的选定不仅要根据仿真结果，还要考虑实验的实际情况。因为实验中各种不可避免的误差，所以在整个光路最后的成像器件 CCD 上都可能出现各种各样的杂散光斑，为了将这些严重影响实验准确性的光斑尽可能地消除掉，就必须根据 CCD 接收到的自旋分裂光斑对实际入射角进行细微调整，以接收到最低噪声、最佳效果的分裂光斑。

10.3.2　磁光光自旋霍尔效应液体折射率传感实验结果及误差分析

为了实现对极低样品浓度下的 MOSHEL 传感，以氯化钠为溶质，配置了 6 个不同浓度的溶液样品。根据美国光学学会给出的在 20℃时氯化钠浓度与折射率的关系，本章拟合了实验所需较低样品浓度时对应的样品折射率，如表 10-1 所示。

表 10-1　实验中 6 种浓度样品对应的折射率

质量分数/100gH_2O	溶液折射率
0g	1.3327
0.4g	1.3334
0.8g	1.3341
1.2g	1.3349
1.6g	1.3356
2.0g	1.3363

将上述配置好的氯化钠溶液依次进样至微流体通道中，在正反向磁场的作用下得出 6 组不同的 δ_{MO}。

MOSHEL 液体折射率传感实验的仿真和结果分析如图 10-5 所示。绿色实线表示仿真结果，红黑点线表示实验结果。从图中可以看到，随着待测溶液样品折射率的增加，仿真和实验结果的 δ_{MO} 都随之单调减小。图 10-5 上方插图分别表示当 n_{sample}=1.3327、1.3349、1.3363 时，在正反向磁场下 CCD 接收到的光束能量分布，其中 δ_H^+、δ_H^- 分别表示施加正反向磁场时质心的相对位置(记 n_{sample}=1.3327 时分裂光斑对称分布时的位置为原点)，绿色细线的交点表示整个光场质心的位置，由于 SHEL 发生在 y 方向，所以只需关注交点(或水平绿线)在竖直方向的位置。随着样品折射率 n_{sample} 的增大，δ_{MO} 从 190μm 逐渐减小到 70μm，这与仿真结果的变化趋势基本吻合。从图 10-5 的插图中可以看出，随着 n_{sample} 的增大，δ_H^+ 的质心位置逐渐上移，而 δ_H^- 的质心位置基本不变，这就导致 δ_H^+ 与 δ_H^- 之差即 δ_{MO} 逐渐减小。实验结果 δ_{MO} 的变化率即为 MOSHEL 对折射率的灵敏度，由实验结果可知，本章设计的 MOSHEL 折射率传感系统对于极低浓度的样品具有非常高的灵敏度，实验测得的灵敏度高达 2.9×10^4μm/RIU。同时，样品折射率在 1.3334～1.3356 这一区间表现出非常好的线性度，这是非常有益于实际传感应用的。结合图 10-3(f) 可知，当实验中测试的角度为 56.75°时，在样品折射率为 1.31～1.36 的范围内都可以得到超过 10^4μm/RIU 的灵敏度，这对于极低浓度样品折射率传感具有非常重要的现实意义。

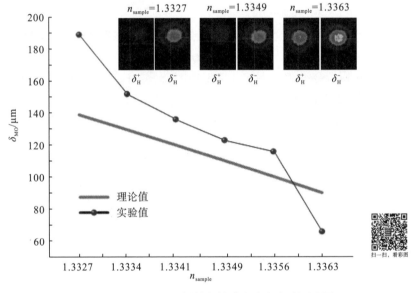

图 10-5　MOSHEL 折射率传感理论和实验测试图

　　根据实验结果可以注意到，实验结果线性拟合的斜率即灵敏度，高达 2.9×10^4μm/RIU，产生这一现象的原因主要是由于以下几点。

　　(1)当样品浓度极低时，样品浓度和样品折射率拟合关系的误差较大，所以计算得到的最低浓度时的 n_{sample} 与最高浓度时的 n_{sample} 之差偏小，而由实验数据计算得到的灵敏度偏大。

　　(2)由于 Ce:YIG 的制作难度较高,故书中与 Ce:YIG 相关的参数 $d_{Ce:YIG}$、$\varepsilon_{Ce:YIG}$ 和 ε_{off} 与磁光片样品的实际值略有偏差，这种偏差在样品制备过程中会不可避免地发生，特别是 PLD 生长的 Ce:YIG 薄膜。而 ε_{off} 的偏差对 δ_{MO} 的影响非常大。若 ε_{off} 的实际值比理论值大，则测得的 δ_{MO} 将大于理论值。

　　(3)实验时，透镜 A 和透镜 B 没有共焦，二者之间的光程大于 350mm，所以反射后的光束发生了传输放大现象，故实验测得的 δ_{MO} 大于实际值，灵敏度偏大。

(4) 实验时测试的溶液样品数较少，测得 δ_{MO} 的个数也较少，由于不可避免地存在读数误差，因此会导致拟合的变化率存在一定的误差，尤其是当第一个 δ_{MO} 偏大，最后一个 δ_{MO} 偏小时，会使拟合的灵敏度严重偏大。

(5) 实验中选用的氯化钠溶液本身具有手性，光透过后会发生旋光效应，相对于 TMOKE 的影响较小，故仿真计算中未考虑该影响，因此实际的磁场影响较仿真结果偏大。

总的来说，仿真与实验所反映的物理规律是一致的，其误差在可接受的范围内。

10.4　基于磁光介质薄膜中的光自旋霍尔效应的磁场传感

目前研究比较多的 SHEL 主要集中在以下几类情形中：连续均匀介质的界面处[42,56-58]、具有适当相位梯度的介质超表面处[62]、超材料分界面处[59,60]、金属微结构中[301]。以上研究主要是通过在线偏振光束中引入 Berry 几何相位使得圆偏振分量发生实空间的自旋分裂，只改变材料结构、几何形状或入射角等参数来改变光束的自旋分裂特性。通过外加电磁场来实现自旋分裂的调控工作目前还比较少见。本节将依次介绍三种结构来实现 SHEL 的磁场调控工作。第一项为实验工作，另外两项为仿真计算工作。

本节研究在外加磁场下磁性介质 Ce:YIG($Ce_1Y_2Fe_5O_{12}$, 掺铈钇铁石榴石) 薄膜的反射光自旋霍尔效应及其磁场传感特性。分别考虑外加横向磁场(TMOKE)和极向磁场(PMOKE)的情况。研究发现，在两种情形中磁场大小都会影响反射光束自旋分裂的距离，而仅在 TMOKE 情形中磁场的方向会影响反射光束自旋分裂位移的大小。在 PMOKE 中，由于反射光束出现了克尔旋转，所以反射光束表现为非对称的交叉偏振模式。同时，在理论上讨论了 SHEL 的磁场传感特性，最后对 TMOKE 情形中的自旋分裂进行了实验验证。

10.4.1　样品结构与参数选择

考虑到样品的实际加工情况，对比了不同材料厚度下的反射系数。最终选定样品结构如图 10-6(a)所示。样品衬底选为 SiO_2，厚度约为 1mm。利用激光脉冲沉积法，在衬底上生长 YIG(钇铁石榴石, $Y_3Fe_5O_{12}$)种子层及 Ce:YIG 层，YIG 层厚度约为 20nm，Ce:YIG 层厚度约为 50nm。当线偏振光入射到该结构时，其反射系数的理论值如图 10-6(b)所示，从图中可以看到，p 偏振光在 73° 附近出现一个反射谷，而 s 偏振光在同样的入射角范围内没有出现反射谷，后续计算发现，在反射谷附近的自旋分裂较大。

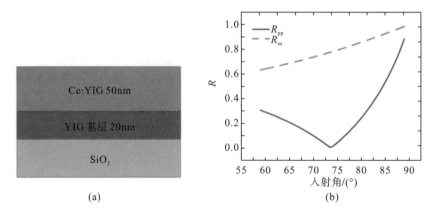

图 10-6　样品结构示意图及反射系数：(a)样品结构示意图；(b)入射角与反射系数的关系图

10.4.2　仿真分析及磁场传感

　　下面从理论上计算经弱测量放大后的自旋分裂，这里定义一个表征磁性介质磁化程度的参数 χ，在介质饱和磁化前，$0 \leqslant |\chi| < 1$ 表示实际外加磁场强度与饱和磁场强度之比。而当介质被饱和磁化后，其值保持不变，即 $|\chi| = 1$。其符号代表磁场方向。

　　首先，考虑 TMOKE 情形且 H 偏振光入射，如图 10-7 所示。从图 10-7 插图中可以看到，当外加磁场强度为零（$\chi = 0$）且入射角在 73° 附近时，反射光的自旋横移值较大，接连出现一个谷值和一个峰值，二者大小相等且方向相反，具有对称性。假设分别施加外加正向和反向的饱和磁场，即 $\chi = 1, \chi = -1$，计算发现反射光自旋分裂距离即自旋横移值发生了明显的变化。

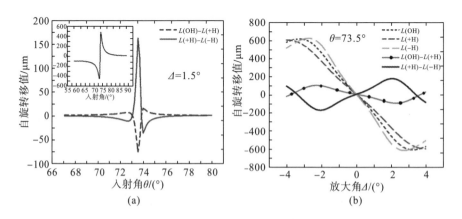

图 10-7　TMOKE 情形且 H 偏振下反射光的自旋分裂：(a)放大角为 1.5°；(b)入射角为 73.5°

图 10-7 给出了 $\chi=0$ 与 $\chi=1$ 自旋横移值之差及 $\chi=1$ 与 $\chi=-1$ 自旋横移值之差。从图中可以看到，当入射角在 73.5° 附近时，上述两个差值出现了峰值，分别约为 170 μm 和 75 μm。这足以说明外加磁场对反射光自旋霍尔效应的影响很明显。图 10-7(b) 给出入射角在 73.5°、放大角分别为 -4° 和 4° 时的自旋横移值。类似地，图中给出了几种曲线，其中反向磁场自旋横移值之差最大高达 200 μm。图 10-8 给出了经弱测量放大后反射光束光强分布的计算值，三个图中的放大角分别为 -2°、0°、2°。

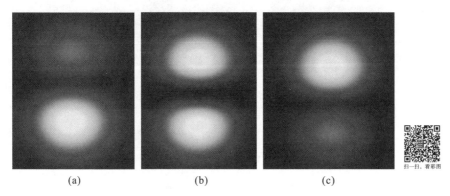

(a)　　　　　　　　　　(b)　　　　　　　　　　(c)

图 10-8　测量放大后反射光的光强分布 (TMOKE)：(a)Δ=-2°；(b)Δ=0°；(c)Δ=2°

下面考虑 PMOKE 情形，总体思路与上述 TMOKE 的分析过程类似。计算发现，在 PMOKE 情形中外加磁场的方向并不能影响经弱测量放大后的自旋分裂。因此，这里只考虑磁场大小的影响，即只需改变 χ 的值。如图 10-9(a) 所示，假设 χ 值分别为 0.1、0.5 和 1，自旋横移的变化值约为 70 μm。图 10-9(b) 给出了改变放大角时的自旋分裂。

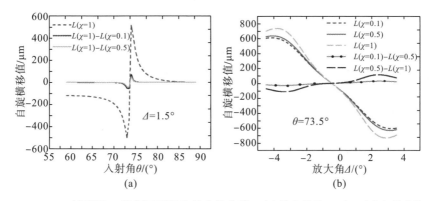

(a)　　　　　　　　　　　　　　　　(b)

图 10-9　PMOKE 情形且 H 偏振下反射光的自旋分裂：(a)放大角为 1.5°；(b)入射角为 73.5°

值得一提的是，由于在 PMOKE 情形中反射光束存在旋光现象，即克尔旋转，所以反射光束的强度分布与 TMOKE 情形略有不同，如图 10-10 所示。其中放大

角 $\Delta=0°$ 时的光强分布不再是上下对称的，而是上方的要强一些，这是由于发生磁致旋光时导致反射光束中两种圆偏振光产生了相位差。当放大角分别为-2°和 2°时，产生的变化与 TMOKE 也不相同。

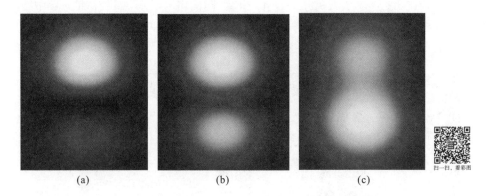

图 10-10　弱测量放大后反射光的光强分布（PMOKE）：（a）Δ=-2°；（b）Δ=0°；（c）Δ=2°

　　通过上述分析可以发现，磁性介质薄膜中经弱测量放大后的自旋横移对外加磁场较为敏感，因此这里从理论上简要讨论利用 TMOKE 情形中的自旋横移进行磁场传感。如图 10-11 所示，依然假设入射角为 73.5°，图 10-11（a）给出了随外加磁场增大时放大角在-4°～0°时自旋横移的变化情况。从图中可以看到，当磁化系数 χ 从 0 逐渐增加到 1 时，放大后的横移逐渐减小，取放大角固定值-2.5°，具体横移值如图 10-11（b）所示。从图中可以发现，在外加磁场从 0 至逐渐饱和的过程中，自旋横移值以较好的线性规律逐渐减小，从最初的 560 μm 附近减小到 460 μm 左右。这说明使用自旋横移作为磁场传感参数具有较好的线性和较高的灵敏度。

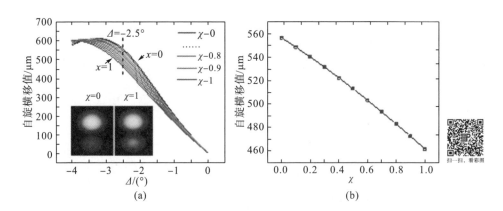

图 10-11　TMOKE 情形中放大后的自旋横移用于磁场传感：（a）外加磁场增大时自旋横移的变化情况；（b）放大角固定值为-2.5°时的横移值

10.4.3　实验验证

对 TMOKE 情形的自旋横移进行实验测量，测量方法为第 2 章中提到的量子弱测量。与 GH 位移测量不同的是，自旋横移测量光路中的光束在样品处不是全反射而是部分反射，因此不需要进行相位补偿，而且这里所使用的入射光也是纯粹的 H 偏振光。实验光路示意图如图 10-12 所示，整个光路分为三部分，即前选择、弱耦合、后选择。半波片放置在前选择光路中，用于调节 CCD 接收到的光强，以保证 CCD 接收的光不超过最大负荷。

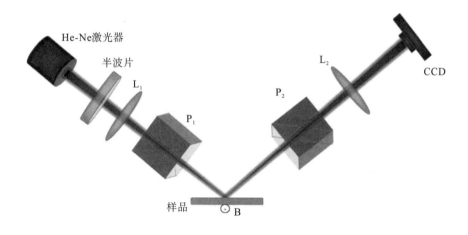

图 10-12　实验光路示意图

根据示意图 10-12 搭建的实际光路如图 10-13 所示。白色虚线框内为电磁铁，电磁铁中间放置一个 SiO$_2$ 三角棱镜用于固定样品，电磁铁上红-黑导线外接一个可变直流源用于提供电流,调节电流大小可改变样品处外加磁场的大小，反接电源线可改变磁场方向。电磁铁左侧光路为前选择光路，从左到右的元件依次为：632.8nm He-Ne 激光器，小孔光阑、半波片，50mm 平凸透镜 L$_1$，格兰偏振镜 P$_1$。短焦透镜 L$_1$ 用于聚焦光束，使照射到样品表面的光斑较小，偏振镜 P$_1$ 用于产生 H 偏振光。电磁铁右侧光路为后选择部分，从左到右的元件依次为：格兰偏振镜 P$_2$，250mm 长焦透镜 L$_2$，小孔光阑，光束质量分析仪(CCD)。L$_2$ 用于准直光束，与前选择中的 L$_1$ 共焦，光阑用于滤除光束传输过程中形成的杂斑。

图 10-13   自旋分裂测量实际光路图

主要实验步骤如下所述。

第一步：光路准直。

调节激光器水平位置，保证输出的激光光束与光学平台平行。

第二步：确定光束的 H 偏振态。

使用单独的棱镜，利用 H 偏振光在布儒斯特角处的交叉偏振效应，分别确定 P_1 和 P_2 为 H 偏振态。

第三步：调节两个偏振镜相互垂直。将 P2 按顺时针转动 90°。

第四步：调节入射角，在反射光强最小的角度附近。

第五步：转动第二个偏振镜 P_2，调节放大角，记录数据。改变磁场方向，重复上述过程。

实际测量的数据如图 10-14 所示。当入射角选在 73.5° 时，达到自旋横移峰值所需的放大角较大，此时 CCD 接收的光强太强，不利于数据测量。因此将入射角选在 73°，如图 10-14(a) 所示，整个曲线宽度缩小。分别外加正向和负向磁场，测得的自旋横移之差如图 10-14(b) 所示，虽然存在一定的误差，但总体趋势与仿真计算结果一致。图 10-15 给出了在三个放大角处 CCD 相机得到的光斑形状，从图中可以看到，与仿真结果符合得较好。

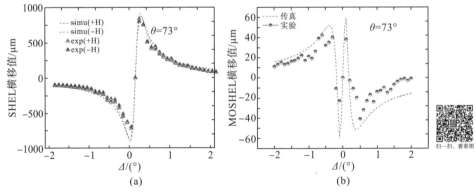

图 10-14   自旋横移测量值(a)不加外磁场下仿真和实验的 SHEL 横移值；(b)外加磁场下仿真和实验的 SHEL 横移值

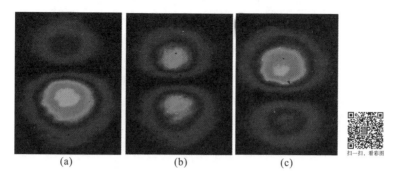

图 10-15　弱测量放大后光强分布测量值(TMOKE)：(a)−0.5°；(b)0°；(c)0.5°

10.5　本 章 小 结

　　本章主要进行了三项工作，第一项工作是研究、设计并制作了磁光传感芯片。第二项工作基于设计的磁光传感芯片，研究了基于 MOSHEL 的折射率传感特性。第三项工作基于仿真结果，测试了不同浓度样品下的 MOSHEL。

　　在第一项工作中，分析了各种磁光材料的特性，设计了由 SiO_2/YIG/Ce:YIG 三层结构组成的磁光传感芯片，其中 SiO_2 是衬底材料，YIG 是种子层，用于在之上沉积 Ce:YIG，Ce:YIG 是磁光层，磁光效应较强。同时由于 Ce:YIG 是铁的氧化物，因此不会再被氧化，故适于对液体进行折射率传感。依照仿真结果利用 PLD 制作了该芯片。

　　在第二项工作中，研究了多层磁光薄膜结构中的 MOSHEL 及其传感特性。在 TMOKE 的作用下，通过调整磁光层的厚度、入射角及放大角，当溶液样品浓度极低时，发现传感系统中的自旋相关分裂对传感介质即样品的折射率变化非常敏感。当放大角为 0.3°，待测溶液浓度 n_{sample} 在 1.333 附近，即浓度极低时，本章设计的磁光传感系统在入射角从 54°～58° 的较大幅度内都能实现超过 $2×10^4 μm/RIU$ 的高灵敏度。固定放大角不变，当入射角固定为 56.75°，在样品折射率为 1.31～1.36 的范围内都可以得到超过 $10^4 μm/RIU$ 的灵敏度。本章设计的 MOSHEL 传感系统同时具有入射角的角度灵活性和探测折射率区间的灵活性，且灵敏度较高，具有十分优越的传感性能。

　　在第三项工作中，改进了传统的光子弱测量实验光路，在后选择偏振镜之前新增了一个光阑，使光路调校更精准的同时也滤除了杂散光斑，极大地提高了成像质量，减小了实验误差。本章设计并使用了全新的微流体通道，实现了待测溶液样品的连续流入和导出。根据前面得出的最佳参数设置了实验光路，测得了不同浓度溶液样品条件下的 δ_{MO} 曲线。实测折射率灵敏度高达 $2.9 \times 10^4 \mu\mathrm{m/RIU}$，与仿真结果基本吻合，并分析了可能的误差来源。

  本章从仿真和实验两方面，研究了极低浓度溶液样品的 MOSHEL，包括参数优化、实验验证和结果分析，这对 MOSHEL 传感技术的实际应用和发展具有非常重要的意义。

第11章 热光效应调控的磁光光自旋霍尔效应及其传感特性

MOSHEL 作为一种新颖的调控光子自旋的方法已经得到了越来越多的关注和研究。作为磁光效应的作用源，永磁体因其造价低廉、体积小巧、操作灵活、尺寸可根据实际情况定制、磁场强度大等优点，成为许多研究者的首选。特别是钕铁硼磁铁(化学式 $Nd_2Fe_{14}B$)，其磁性极强，以前述实验中所用的钕磁铁为例，其最大磁场强度超过 3000 Gs。但使用永磁体作为磁场源有其固有的局限性：永磁体一旦制作完成，其磁场强度便不可进行调节，这对 MOSHEL 的研究受到了相当大的限制。若使用电磁铁作为磁场源，其磁场强度可通过调节输入电流的方式进行有效控制，通过精密设计的电磁铁甚至可以实现对磁场方向的多维度调节。但若要实现上述功能，且达到实验设计要求的磁场强度，电磁铁的体积将非常庞大且笨重，造价极其高昂，是使用永磁铁作为磁场源成本的数万倍，现有资源无法满足。

因此，希望通过新的方式对 MOSHEL 进行有效调控——这就是热光效应。本章主要分为两大部分，第一部分是对热光光自旋霍尔效应(thermo-optic spin Hall effect of light，TOSHEL)的研究与验证，第二部分是对利用热光-磁光二维调控的光自旋霍尔效应及传感的设计和分析。首先，对热光效应、热光效应器件及热光材料进行简单介绍，设计并实施验证热光效应对 SHEL 的影响——TOSHEL 的实验并得出热光材料的温度变化和 TOSHEL 之间的对应关系。接着，基于实验得到的结论及理论分析，提出并设计利用热光效应对 MOSHEL 进行实时调控的实验光路，并对利用热光效应调控 MOSHEL 的内在机理做出分析和解释。最后，基于上述分析，设计一种可以传感磁场强度或温度的 SHEL 传感器。

11.1 热光效应器件及热光相变材料简介

除了广为人知的角度调控及本书所研究的磁光调控，人们还在不断探索新的机理和方法来对 SHEL 进行灵活调控。TOSHEL 就是一种亟待开发的新方法。TOSHEL 就是利用材料的热光效应，通过改变介质温度的方法来调控介质的介电常数，从而实现对 SHEL 的实时调控。

11.1.1　热光效应器件简介

　　热光效应是指电介质的光学性质随其材料内部温度的改变而变化的物理现象。通常情况下，这种光学性质主要体现在介质折射率或介电常数随介质温度的变化而变化。这种折射率随温度变化的能力可由热光系数来表征。随着集成光学的高速发展，光学器件的集成化和小型化是发展的必然趋势。而热光效应器件以其功能独特、尺寸小巧、成本低廉等突出优点，一经面世便引起了研究者的强烈兴趣[309]。

　　典型的热光效应器件结构如图 11-1 所示，该结构主要由四部分组成：加热电极、波导层、包覆层和衬底材料。在工作时，加热电极接通电流，持续加热包覆层和波导层，通过温度的改变可使光波导的光学性质（如折射率）发生改变，从而实现对光的调控与开关等功能。波导层作为传输光信号的主要介质层，通常情况下其热光效应越强则热光效应器件的功能性就越好。这就要求我们不断探索更加新颖和优异的热光材料。

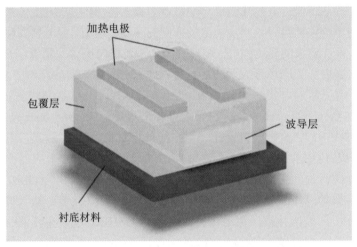

扫一扫，看彩图

图 11-1　典型热光效应器件结构的三维示意图

11.1.2　热光相变材料简介

　　热光相变材料是指当材料温度上升到某一温度时，材料的光学性能会发生突变，材料的性质也发生相应改变的物理现象。这一温度称为材料的相变温度。主要的热光相变材料为金属钒及其氧化物。

　　钒（V）是一种属于 VB 族的银灰色金属，在其化合物中的常见价态为+5、+4、+3、+2 价，属于体心立方结构，具有熔点高、延展性好、耐强酸、性质稳定、不易氧化等优良特性[310]。1959 年，贝尔实验室的 Morin 观察到在一定的温度条件下，钒氧化物的电导率可发生瞬间突变，该现象表明这一物质具有从半导体态到金属态的相变特性[311]。后来人们接连发现了如 TiO₂、VO₂ 等具有相变特性的金属氧化物，其中 VO₂ 因其光学及电学性能优异且具有电致相变、光致相变、热致相变等多种相变模式[312]，得到了人们的强烈关注。相较于其他钒氧化物较高的相变温度，VO₂ 的相变温度仅为 68℃，与室温接近。但随着温度的升高，VO₂ 从低温时的半导体态相变为高温时的金属态，其光学性质表现为折射率迅速增大，介电常数实部由半导体态的正值突变为金属态的负值，吸收率由高透变为高反，电学性质由高电阻率突变为低电阻率。正是由于这些优异的光学、电学性质，VO₂ 在光开关、温控开关、光存储器、红外检测等方面具有非常重大的应用价值[313]。

正是由于 VO₂ 具有从低温绝缘态到高温金属态的可逆相变特性，因此可在特定的温度范围内将其作为一种新颖的热光相变材料。

11.2 热光光自旋霍尔效应的实验设计

作为热光相变材料，当 VO₂ 加热至 68℃时会由低温时的半导体态转变为高温时的金属态，此时介电常数会发生由正到负的突变。此外，热光材料通常在温度下降时，其光学特性会有一个反向变化的过程。因此可以推测，在升温过程中 VO₂ 反射光的 SHEL 会发生剧烈的变化，且降温后其 SHEL 的变化规律是升温时的逆过程。

为了验证相关推测，本章设计并制作了用于 TOSHEL 实验的 VO₂ 样品，其结构图如图 11-2 所示。利用 PLD 和工作波长为 248nm 的 compexpro205krf 准分子激光器在高阻硅衬底上沉积 VO₂ 薄膜，薄膜厚度约为 150nm。

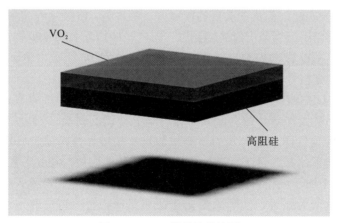

图 11-2 VO₂ 样品的结构图

为了实现对整个 VO_2 样品的可控加热,本章使用硅橡胶加热器作为外部热源。硅橡胶加热器主要由加热控制器、导线、硅橡胶加热板三部分组成,加热范围为 $0\sim150℃$,温度精度为 $1℃$,其具有发热快、加热均匀、热效率高等优点。硅橡胶加热片是一种通电即可加热的薄片,内部为刻蚀成蛇形曲回状的镍铬箔片,两端连接通电电极,外部包覆绝缘材料即硅胶薄膜,可起到导热和保护的作用。加热片可以平整地贴合被加热物质,使热传导均匀且高效。

TOSHEL 实验光路如图 11-3 所示,与 MOSHEL 实验类似,从左到右依次为 He-Ne 激光器、光阑 A、半波片、透镜 A、偏振镜 A、温度可调的 VO_2 样品、光阑 B、偏振镜 B、透镜 B、CCD。

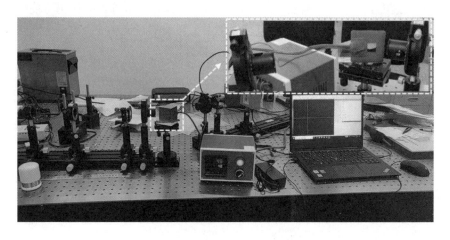

图 11-3   TOSHEL 实验光路图

He-Ne 激光器出射波长为 632.8nm 的线偏振光。两个光阑 A 和 B 起到调校光路和过滤杂散光的作用。半波片旋转偏振光的偏振面。透镜 A(f=100mm)和透镜 B(f=250mm)分别起到聚焦和准直的作用,二者共焦。偏振镜 A 出射水平偏振光,与半波片共同作用可调节出射光的光强。固定在加热片上的 VO_2 样品升温后发生热光效应。偏振镜 B 与偏振镜 A 的偏振面的夹角为(90°+放大角 Δ)。CCD 接收随温度变化的光信号。

在进行 TOSHEL 实验之前,为了保证 VO_2 样品与入射面垂直,即位于竖直平面内,先将硅胶加热片的背面紧贴在一个大棱镜的斜面,然后将 VO_2 样品紧贴在加热片的另一面,硅衬底的一侧与加热片相接。再将安置好加热片和样品的棱镜底面向下,并放置于可自由旋转的高精度转台(Thorlabs,精度 0.004°)之上,如图 11-3 所示的位置。通过旋转高精度转台可以起到调整入射角的作用。根据弱测量的放大条件,实际入射角应在布儒斯特角附近选取,这样可以实现较好的放大效果。

11.3　热光光自旋霍尔效应实验及结果分析

11.3.1　热光光自旋霍尔效应实验

在按照如图 11-3 所示的实验光路图设置好光路并确定入射角之后，方可开始 TOSHEL 的测量工作，主要分为两大部分，一为升温实验，二为降温实验，具体步骤如下所述。

(1) 接通硅橡胶加热器电源，设置预定温度为 28℃，等待加热片及 VO$_2$ 样品升温至该基准温度。

(2) 微调偏振镜和半波片，使 CCD 上接收到对称分布且强度适中的 SHEL 自旋分裂光斑。记录此时光场质心位置的纵坐标 y_0，此位置视为 TOSHEL 质心横移值 δ_{TO} 为零。当光路调校准确，CCD 接收到的光斑清晰，光场内无明显杂斑时，TOSHEL 整个光场的质心可等同为自旋分裂光斑的质心。

(3) 上调设置预定温度为 30℃，待加热片升温为 29℃时，设置预定温度为 31℃。待加热片升温为 30℃时，设置预定温度为 32℃，即设置预定温度始终高于实际温度 2℃。这样可有效地提高测试效率。

(4) 待加热片升温至 60℃时，由于该温度已远高于室温，热挥发已不可忽略，继续步骤(3)已经难以加热到预定温度。因此，设置预定温度为 64℃，即设置预定温度始终高于实际温度 4℃，从而保证加热片及 VO$_2$ 样品能够持续升温。

(5) 按照步骤(4)加热至 77℃，记录加热过程中对应温度 T 的光场质心纵坐标 y_T，升温实验结束。

(6) 关闭加热器，使加热片和 VO$_2$ 样品自然冷却至 28℃，记录降温过程中对应温度的光场质心纵坐标，降温实验结束。

(7) 重复工作步骤(1)～(6)。

工作步骤(1)～(5)为正向实验，工作步骤(6)为反向验证，工作步骤(7)为重复性实验验证。

图 11-4 记录了一次升温实验中 CCD 接收到的光场信息。图中水平绿线代表光场质心纵坐标在竖直方向的位置即 y，竖直绿线代表光场质心横坐标在水平方向的位置。竖直绿线的位置与所研究问题无关，故不做讨论。由图 11-4(a)可知，当样品温度为 28℃时，自旋分裂光斑相对于质心位置上下对称分布，记录此时质心纵坐标值为 y_0。由图 11-4(a)～图 11-4(e)可知，随着温度 T 的升高，图中绿线逐渐上移，对应的 y_T 也逐渐增加。由图 11-4(e)～图 11-4(h)可知，当温度超过 66℃后，光斑质心位置便基本不再变动，对应温度的 y_T 基本持平。

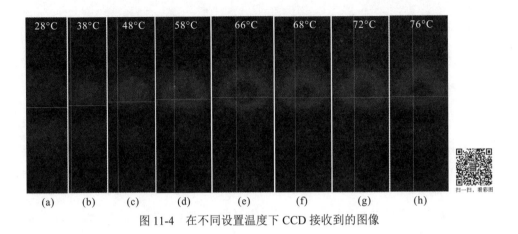

图 11-4   在不同设置温度下 CCD 接收到的图像

通过观察并记录不同设置温度 T 下 CCD 接收到的光场质心 y_T 的变化，即可计算出对应温度下 TOSHEL 的自旋横移值大小 δ_{TO}，δ_{TO} 可表示为

$$\delta_{TO}=y_T - y_0 \qquad\qquad (11\text{-}1)$$

11.3.2   热光光自旋霍尔效应实验结果分析

在得到两次升温及降温实验的四组与温度相关的 y_T 后，可以根据式(11-1)得出四组对应的 δ_{TO}：用温度 T 时的 y_T 减去基准坐标 y_0 则可以得到对应温度下因样品温度变化产生 TOSHEL 的值 δ_{TO}，如图 11-5 所示。

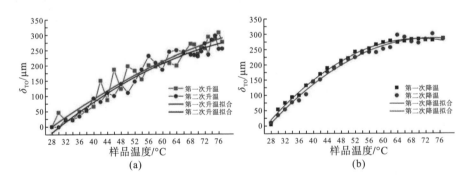

图 11-5   实验结果：(a)升温时 δ_{TO} 随温度的变化；(b)降温时 δ_{TO} 随温度的变化

(数据点是从右向左依次记录的)

图 11-5(a)中的蓝色和红色点线分别表示第一次和第二次升温实验中 δ_{TO} 随样品温度的变化情况，蓝色和红色实线分别表示这两次实验数据的多项式拟合曲线。图 11-5(b)中的黑点和红点分别表示第一次和第二次降温实验中 δ_{TO} 随样品温

度的变化情况，黑色和红色实线分别表示这两次实验数据的多项式拟合曲线。从图 11-5(a) 和图 11-5(b) 可以看出，随着样品温度的不断上升(图 11-5(b) 的降温曲线可看作从左到右的升温过程)，δ_{TO} 呈逐渐增大的态势，同时增加趋势逐渐变缓，最终趋于最大值 300μm 左右。通过纵向比较，两次升温实验和两次降温实验的拟合曲线趋势一致，几乎重合，说明实验具有较好的可重复性。横向对比升温和降温实验，其 δ_{TO} 的变化趋势相近，这说明 TOSHEL 具有温度可逆的特性。

对比图 11-5(a) 和图 11-5(b) 可以看出，相对于降温过程，升温过程的 δ_{TO} 更不稳定，跳动幅度较大，总体呈曲折上升的趋势。原因可能有以下几点。

(1) 升温时加热片的温度不太稳定，温度控制精度不够高。

(2) 在加热过程中，VO_2 样品是贴在加热片上的，控制器上显示的实时温度实际上是加热片的即时温度，与 VO_2 样品内部温度存在一定差别，所以样品温度的测量不够精确。

(3) VO_2 样品在被加热的同时也在向外散热，所以样品温度不稳定。

(4) 随着温度的升高，由于 VO_2 内部温度存在差异，因此可能发生部分 VO_2 已经发生相变，而部分未发生相变的情况。同时，内部温度分布也在时刻变化，这就导致 δ_{TO} 会发生震荡。

同时从图 11-5 可以看出，在 VO_2 的相变温度 68℃附近，δ_{TO} 并没有发生剧烈变化。这主要基于以下三点原因。

(1) 由图 11-4(e)~图 11-4(h) 可知，在样品温度达到 66℃后，光斑的质心位置便基本不再改变，这可能是因为在 66℃时，整个光场的能量已经集中在如图 11-4(e) 所示的位置，之后即使样品的温度继续升高，VO_2 发生相变，光场能量的分布已达极限情况，光场分布无法变化。

(2) 由于控制器上显示的是加热片的表面温度，而 VO_2 样品的实际温度可能低于示数，并未达到相变温度。

(3) VO_2 样品存放时间过长且保存不当，其热光相变特性已经变质失效。

需要特别注意的是，升温实验的加热过程是一个"先快后慢"的过程，因为加热片是通过热传导的方式直接接触 VO_2 样品的，所以对环境温度(空气温度)几乎不产生影响。这就意味着当样品温度不断升高时，样品温度与环境温度之间差异越来越大，向外挥发的热量也越来越多，从而使样品的升温越来越慢。相反，降温实验的自然冷却过程是一个"先慢后快"的过程，开始降温时，样品温度较高，冷却速度快，但要降温至室温 28℃，则需要较长的时间。这是利用加热片作为温度源的固有通病，这在无形之中会产生许多不必要的误差，但并不会影响实验现象的总体趋势。实验中可以通过改换加热箱作为热源来消除这一干扰因素。

综上所述，通过该实验揭示了 TOSHEL 与材料温度之间存在着定性关系，并且具有较好的可重复性，同时进行了降温测试的反向验证。这对于以 TOSHEL 作为物理机理的热光器件具有重要的现实意义和应用价值。

11.4 基于磁光-热光二维调控的光自旋霍尔效应及其传感设计

第 4 章提出一种基于 MOSHEL 的折射率传感系统，实现了对待测溶液折射率有效且灵敏的检测，同时也实现了磁场对 SHEL 的实时调控。但事实上，受限于有限的实验条件，仅能通过反转竖直方向上对称放置的永磁体，实现对饱和静磁场的反向功能。显然，这种磁场调控有相当大的局限性。如何在现有条件下实现对 MOSHEL 的实时调控，并将之应用于传感，这是本节将要讨论及实现的内容。

首先，可以通过调节磁场强度的方式来调控 MOSHEL。通常情况下，调节磁场强度主要有两种方式。一是采用强度可变的电磁场，通过改变缠绕铁芯的线圈电流来调控铁芯两极的磁场强度。这种方式的优势显而易见，电流易于控制，所以磁场强度也因此可控。但结合实际的 MOSHEL 实验光路，如图 11-6 所示，要实现对入射角的可调，棱镜及磁光芯片必须要放置在高精度转台之上。这就意味着要实现在 TMOKE 即竖直方向上的可调磁场，两磁极之间的间距必然较大。为了实现磁光芯片的饱和磁化，铁芯尺寸和线圈匝数都将激增，电磁铁的体积将非常大，制作或采购成本过高。二是通过调整永磁体和样品中心的距离来变相调节反射点处的磁化强度。这一方法看似简单便捷，但在实际操作时，对距离的把控需要非常精准，否则两次实验间的误差较大，可重复性很差。

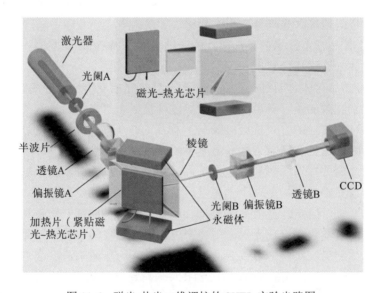

图 11-6 磁光-热光二维调控的 SHEL 实验光路图

　　基于以上分析，调节磁场强度在现有条件下难以实施。因此，希望通过一种全新的方式来实现对 MOSHEL 的调控，这就是基于磁光-热光效应的二维调控方法。

　　本章提出的磁光-热光调控的 SHEL 实验光路如图 11-6 所示，图中所给出的各器件作用与图 11-3 中一致。图 11-6 中的插图描绘了发生磁光-热光效应的主要部分，经过偏振镜 A 入射的水平偏振光入射到棱镜及磁光-热光芯片后发生反射，热光芯片紧贴加热片，上下各放置一块永磁体以提供竖直方向的静磁场，实现 TMOKE。磁光-热光芯片是包含磁光材料和热光材料的多层微纳结构。能够实现这一功能最简单的一种结构是在制作完成的 VO_2 样品表面镀一层 Fe。

　　磁光-热光二维调控的主要机理是：根据第 2 章的推导，TMOKE 的强度与各层介质的折射率息息相关。通过调节流经加热片的电流，加热磁光-热光芯片时，由于热光效应，各层材料的折射率都会发生不同程度的变化，其中热光材料的变化尤为明显。同时，磁光材料的折射率也会发生一定变化，这就使反射光的 MOSHEL 发生巨大的变化。除此之外，根据 11.3 节得出的实验结论，磁光-热光芯片的升温（降温）会产生本征 TOSHEL。由此可见，通过加热磁光-热光芯片可以实现对磁光-热光 SHEL 的二维调控。同时，磁光-热光二维调控的实现也意味着当磁场或温度改变时，自旋横移值也会随之发生变化。因此，可以利用此特性再结合 CCD 测得的自旋横移值来传感磁场或温度的变化。

　　本章设计的磁场传感光路如图 11-7(a) 所示。在利用该光路进行磁场传感前需利用 MOSHEL 对已知强度的磁场进行标定，即在室温条件（假设室温为 20℃）下利用电磁铁（或通过调整永磁体与反射点间的距离）调节磁场强度并利用高斯计进行确认，获得 MOSHEL 与磁场强度的对应关系。进行磁场传感时须保证环境温度为室温条件，根据 CCD 得到的 MOSHEL 值即可反推出磁场强度。

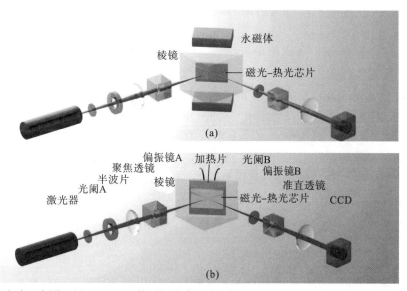

图 11-7　光路示意图：(a) MOSHEL 的磁场传感光路示意图；(b) TOSHEL 的温度传感光路示意图

本章设计的温度传感光路如图 11-7(b) 所示。与进行磁场传感前的标定工作类似，在零磁场的环境下升高加热片的温度，并根据 CCD 显示的坐标信息得到 TOSHEL 值与温度的对应关系。进行温度传感时需在零磁场的环境下进行，由 CCD 所示的 TOSHEL 值即可推出加热片或环境温度。

这一设计的优点显而易见：结合全新的机理，分别利用 MOSHEL 和 TOSHEL，基于同一光路可以实现对温度或磁场强度的传感，其成本低廉，与现有实验设备完全兼容，几乎不增加既有光路的尺寸。需要注意的是，实验中需要保证单一变量，不能实现对磁场和温度的同时测量，这也是下一步工作中亟待攻克的技术难点。

11.5 本 章 小 结

本章主要设计了一种基于热光调控的 MOSHEL。为了实现这一设计目的，首先分析了热光器件及热光材料的主要特性，设计并测试了基于热光相变材料 VO$_2$ 的 TOSHEL。然后对实验现象和结果进行分析和讨论。根据实验得出的结论，提出了一种基于磁光-热光效应的 SHEL 二维调控方法。

11.1 节通过对热光器件的主要结构及主要热光材料性质的分析，确定了用于实验的热光相变材料——VO$_2$，从而为 TOSHEL 实验的设计及实施奠定了理论基础。

11.2 节设计并制作了 VO$_2$ 样品。确定了热光材料的加热设备及温度控制装置，实现了对热光材料温度的有效控制。设计了 TOSHEL 的实验光路，包括 VO$_2$ 样品的有效固定及对实际入射角的确定。这为实验的成功实施做好了物质准备。

11.3 节通过两组对 VO$_2$ 样品完整的升温和降温实验，得出对应温度 T 的光场质心纵坐标值 y_T，进而得出对应的 TOSHEL 自旋横移值 δ_{TO}。经过分析得出结论：随着温度的上升，δ_{TO} 逐渐增大，增长速率逐渐降低，最后趋于平缓。这一结论对实现 SHEL 的磁光-热光二维调控提供了重要的现实基础。

11.4 节设计了一种基于磁光-热光二维调控的 SHEL 并设计了实验光路。通过分析得出：热光效应的引入不仅会产生本征 TOSHEL，因热光效应而产生的介质折射率的变化还会引起 MOSHEL 的巨变。利用这一特性，设计了传感磁场强度或温度的 SHEL 传感器，利用测得的 MOSHEL 和 TOSHEL 可以分别实现对磁场强度和温度的传感。这一开创性的设计对于 MOSHEL 的灵活调控及传感应用开辟了新的思路与方向，具有重要的现实意义。

总的来说，基于前三项工作完成的实验具有较好的可重复性，包括降温实验验证的可逆性，总体结果符合预期。但依然存在许多不足和需要改进之处。例如，相对于单面加热的加热片，可以改用加热箱来实现对环境温度的整体提升，从而

使 VO_2 样品温度实现均匀提高；可以尝试使用解析的方法从理论上完成实验的定量分析和仿真对比；可以对热光效应的内在机理做更深入的研究等。第四项工作中，热光效应的引入对 MOSHEL 的调控和传感应用提出了一种全新的思路，MOSHEL 的应用并不只限于折射率传感，利用全新设计的光路可以实现对磁场和温度的传感。本章是对 SHEL 磁光调控及其传感研究的一系列拓展和丰富，通过结合新机理、新方法来实现和完善对 MOSHEL 的灵活调控和高灵敏度传感，这也是下一步的工作内容和研究方向。

第12章 基于光自旋霍尔效应的
手性分子鉴别方法

12.1 手性分子简介

手性是指一个物体无法与其镜像重合的性质，手性物质及其镜像称为手性对映体。手性分子是指物体与其镜像无法互相重合且具有一定构型或构象的分子。手性分子广泛存在于自然界和生命体中，在药理学、化学合成及生命科学等研究领域发挥着重要作用[314]。由于左手分子及右手分子具有共同的化学特性和物理特性，所以对它们的检测具有很大的难度。现有的手性分析技术主要有压电和光学气体传感器[315]、化学显微镜[316]、免疫传感器[317]、荧光传感器等[318-321]。但这些技术都有各自的局限性，如只能检测气体物质、无法定量描述、会与样品发生化学反应从而破坏样品等。随着技术的发展，旋光性成为检测手性分子构型最有用的工具之一。旋光性是指线偏振光通过手性分子介质时，偏振面会发生偏转的现象。比旋度是一种物理性质，不同旋光物质的比旋度一般不同，左旋物质的比旋度为负数，右旋物质的比旋度为正数。SHEL 是光束中左旋和右旋圆偏振光发生分离的现象，若偏振面发生偏转，则 SHEL 的自旋横移必将发生改变，所以可以将 SHEL 用于手性分子检测。

12.2 基于一维光子晶体的手性分子鉴别方法

12.2.1 结构设计原理

SHEL 是一种很弱的相互作用，所以需要通过弱测量系统进行放大。弱测量一般分为三个步骤。如图 12-1 所示，在偏振光学系统中，系统的初始状态是预先选定的，光束具有明确的偏振态；然后，在系统与测量仪器的耦合过程中会产生与偏振相关的微小位移；最后固定系统的偏振态，对整个系统进行后选择。经过弱测量放大系统后，原本很小的自旋横移可转化为较大的光束质心横移。相关报道给出了系统弱测量的观测结果表达式[322]：

$$A_\mathrm{w} = \frac{\langle \Psi_\mathrm{f} | \hat{A} | \Psi_\mathrm{i} \rangle}{\langle \Psi_\mathrm{f} | \Psi_\mathrm{i} \rangle} \tag{12-1}$$

式中，Ψ_i 为前选择状态；Ψ_f 为后选择状态；$\hat{A}$ 为可观测量。适当调节前、后选择态，A_w 的值可以远超出可观测特征值的范围，有时甚至可以为复数[322,323]。当 A_w 为虚值时，系统的状态需要进行自由演化，即产生传输放大[324]。

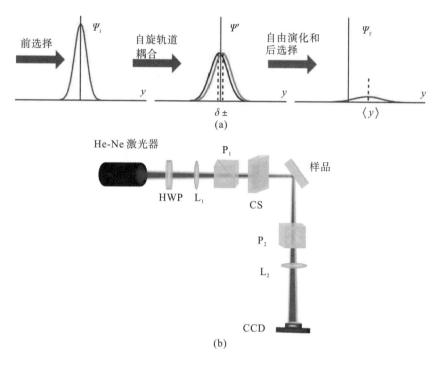

图 12-1　结构设计：(a) 弱测量系统图；(b) 手性分子实验光路图[64]

实验中所使用的入射光是波长为 632.8 nm 的水平偏振光。具体的实验光路示意图如图 12-1(b) 所示。He-Ne 激光器发射光束，HWP 是半波片，置于前选择光路中，目的是调节反射光束的光强，确保 CCD 的接收信号在可承受范围内。而后光束通过 100 mm 的短焦距平凸透镜 L_1 对入射光进行缩束，使用第一个格兰偏振镜 P_1 对光束的偏振态进行选择，即弱测量光路中的前选择装置部分。CS 是标准比色皿，用来装手性分子溶液，本实验选取标准比色皿的折射率为 1，与空气的折射率一致。光束经过手性分子溶液后，光束的偏振面就会发生偏转。用第 11 章设计的一维光子晶体产生反射光自旋霍尔效应，此时系统与测量仪器发生耦合作用。后选择装置部分包含两个光学元件：格兰偏振镜、250mm 长焦距平凸透镜。格兰偏振镜 P_2 的作用是使分裂后的左、右圆偏振光发生相消干涉，从而显著放大自旋分裂。透镜 L_2 的作用是准直实验光路，与透镜 L_1 形成一个共焦腔。CCD 的作用是定位光斑、接收光强并读取数据。

考虑入射光束为 H 偏振态的高斯光束，当光束经过手性分子溶液时，偏振面发生偏转，系统的状态可以表示为[64]

$$|\Psi\rangle=\int dk_y|k_y\rangle\varphi(k_y)|\psi_i^m\rangle \tag{12-2}$$

式中，$|\psi_i^m\rangle=\cos\alpha|H\rangle+\sin\alpha|V\rangle$；$\varphi(k_y)$ 为测量仪器波包的横向分布；k_y 为横向波矢分量。光束通过手性分子溶液后在芯片上发生反射，通过适当的调节，光束中的左旋和右旋圆偏振光就会彼此背离，从而产生 SHEL。Onoda 认为光束在不均匀的折射率介质中存在 Berry 相位，这会导致波包的质心在垂直于折射率梯度的方向发生分离，这就是 SHEL 产生的原因。Berry 相位表示为 $e^{-ik_y\delta\hat{\sigma}_3}$，$\delta$ 为自旋横移的大小。除了 Berry 相位，还存在与横向自旋无关的角位移 Δ（Δ 为 H 偏振态和 V 偏振态的夹角）。因此，整个系统的状态演变为

$$|\Psi'\rangle=\int dk_y|k_y\rangle\varphi(k_y)e^{k_y\Delta}e^{-ik_y\delta\hat{\sigma}_3}\hat{R}|\psi_i^m\rangle \tag{12-3}$$

式中，$\hat{R}$ 为一个二阶矩阵，用来描述光在反射时由 H 偏振分量和 V 偏振分量反射率的不同而产生的偏振态的变化；r_s、r_p 分别为 s 波和 p 波的反射系数。

$$\hat{R}=\frac{1}{2}\begin{bmatrix}r_p+r_s & r_p-r_s\\ r_p-r_s & r_p+r_s\end{bmatrix} \tag{12-4}$$

系统的前选择态为水平偏振态，后选择态为垂直偏振态，系统的自由演化项为 $e^{-ik_y^2z/(2k)}$，z 为光束的自由传输距离，$k=2\pi/\lambda$ 为光束的中心波矢。

整个系统的最终状态可以表示为

$$|\Psi_f\rangle=|\psi_f|\Psi'\rangle=\int dk_y|k_y\rangle\varphi(k_y)e^{k_y\Delta}e^{-ik_y^2z/(2k)}\langle\psi_f|e^{-ik_y\delta\hat{\sigma}_3}\psi_i'\rangle \tag{12-5}$$

式中，$|\psi_i'\rangle=\hat{R}|\psi_i^m\rangle$。可以计算 $e^{-ik_y\delta\hat{\sigma}_3}$ 的所有阶且不需要近似，见式(12-6)，即

$$e^{-ik_y\delta\hat{\sigma}_3}=\sum_{n=0}^{\infty}\frac{(-ik_y\delta)^{2n}}{(2n)!}+\sum_{n=0}^{\infty}\frac{(-ik_y\delta)^{2n+1}}{(2n+1)!}\hat{\sigma}_3 \tag{12-6}$$
$$=\cos(k_y\delta)-i\hat{\sigma}_3\sin(k_y\delta)$$

式中，$\hat{\sigma}_3^2=1$，结合式(12-5)和式(12-6)可以得到：

$$|\Psi_f\rangle=\sqrt{P}\int dk_y|k_y\rangle\varphi(k_y)e^{k_y\Delta}e^{-ik_y^2z/(2k)}[\cos(k_y\delta)-iA_w'\sin(k_y\delta)] \tag{12-7}$$

弱值可以表示为

$$A_w'=\frac{\langle\psi_f|\hat{\sigma}_3|\psi_i'\rangle}{\langle\psi_f|\psi_i'\rangle}$$
$$=i\frac{\cot a}{\eta} \tag{12-8}$$

式中，$\eta = r_s / r_p$。式 (12-7) 中的 p 表示前选择的概率，$p = \left| \langle \psi_f | \psi_i' \rangle \right|^2 = r_s^2 \sin^2(a)$。弱值与后选择的概率成反比。通过几何光学预测弱测量得到的自旋横移值可以表示为

$$\langle y \rangle = \frac{\langle \Psi_f | \mathrm{i} \partial k_\perp | \Psi_f \rangle}{\langle \psi_f | \psi_f \rangle}$$

$$= \frac{z}{R_0} \frac{2\eta a}{[\mathrm{e}^{k\delta^2/R_0}(\eta^2 a^2 + 1) + \eta^2 a^2 - 1]} \delta \tag{12-9}$$

式中，$R_0 = k w_0^2 / 2$；R_0 为瑞利距离；w_0 为束腰半径。

$$\delta = (\delta_H + \eta^2 a^2 \delta_V) / (\eta^2 a^2 + 1) \tag{12-10}$$

式中，δ_H、δ_V 分别为 H 偏振光和 V 偏振光的自旋横移。其中，$\delta_H = (1+\eta)\cot\theta_i / k$，$\delta_V = (1+1/\eta)\cot\theta_i / k$。

综合上述公式，化简式 (12-9)，则通过手性分子溶液的 SHEL 自旋横移表达式为

$$\langle y \rangle = \frac{4 z a \delta \eta}{k_0 w_0 \left(-1 + \alpha^2 \eta^2 + \mathrm{e}^{\frac{2\delta^2}{\omega_0^2}} (1 + \alpha^2 \eta^2) \right)} \tag{12-11}$$

式中，z、δ、k_0、w_0 都为常数；$\alpha = a_s \times lc$ 是变量，其中 α 和手性物质本身的比旋度有关；l 为实验中标准比色皿的长度，单位是 dm；c 为溶液的浓度，单位是 g/mL。众所周知，SHEL 是一种弱相互作用，只有在 SHEL 的自旋横移值比较大的情况下才可以通过仪器测量得到。所以，可以通过选择合适的 η 来增强手性分子的 SHEL。根据公式，可以设计一种传感芯片来实现手性分子传感。

为了达到目的，先找到自旋横移值和 η 的关系 (图 12-2)。

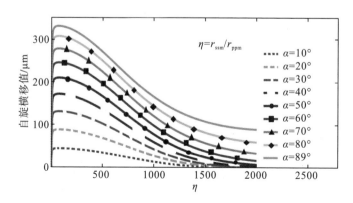

图 12-2　光束的自旋横移随 η 的变化关系 (不同颜色的曲线表示不同物质的比旋度)

从图中可以看出，当 η 的取值从 0～2000 时，自旋横移和 η 并不是线性关系，η 越大，不同物质的自旋横移差值越小，灵敏度也越低。当 η 值在 0～200 时，不同物质的光束自旋横移之间的间隔较大，可以认为此时的传感灵敏度较高。所以，选择 η 在 0～200 为横坐标，进一步绘制自旋横移随 η 变化的曲线，以便确定最优参数。

从图 12-3(a)～图 12-3(d)可知，当入射角为 70° 时，比旋度大于 60° 的物质的自旋横移曲线分布过于紧密，不利于传感设计。而当入射角为 60° 时，从图 12-3(a)和图 12-3(c)可以看出，无论是左手的手性分子还是右手的手性分子，自旋横移的曲线分布相对较均匀，更有利于传感。根据仿真计算，曲线分布从均匀到密集是一个渐变的过程，并且考虑到实验的容错性，最终确定入射角的范围在 60°～70°。从图 12-3(a)和图 12-3(c)可知，当 30<η<200 时，比旋度绝对值小于 60° 的物质，其自旋横移曲线基本呈一条直线；而比旋度绝对值较大的物质，自旋横移曲线随 η 的增大呈减小的趋势。考虑到所选择 η 的普适性，做出光束自旋横移随 η 的变化关系图如图 12-4 所示，最终确定 η 的取值范围在 50～60。

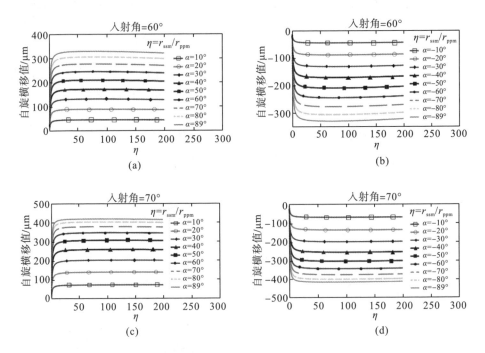

图 12-3 光束自旋横移随 η 的变化关系：(a)当入射角为 60° 时，不同左手手性分子的光束自旋横移随 η 的变化关系；(b)当入射角为 70° 时，不同左手手性分子的光束自旋横移随 η 的变化关系；(c)当入射角为 60° 时，不同右手手性分子的光束自旋横移随 η 的变化关系；(d)当入射角为 70° 时，不同右手手性分子的光束自旋横移随 η 的变化关系

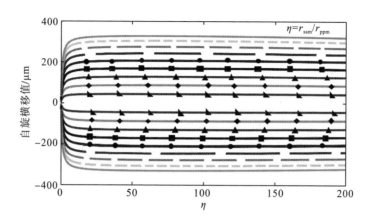

图 12-4　光束自旋横移随 η 的变化关系(不同线型的曲线表示不同物质的比旋度)

综上所述，如何实现 η 的取值范围为 50～60 就是下面要解决的问题。

$$\eta = \frac{r_{ssm}}{r_{ppm}} \tag{12-12}$$

式中，r_{ssm}、r_{ppm} 分别为 s 波和 p 波的反射系数，$r_{ssm} \leqslant 1$，$r_{ppm} \leqslant 1$。若要满足 η 的取值范围，最简单的方法就是让分子等于 1，而后再通过调节 r_{ppm} 的取值来满足需求。若 $50 \leqslant \eta \leqslant 60$，$r_{ssm} \leqslant 1$，则 $0.0167 \leqslant r_{ppm} \leqslant 0.0200$。可以发现，$r_{ppm}$ 是趋于 0 的数，r_{ssm} 是趋于 1 的数，而基于受抑全反射的一维光子晶体隧穿模的结构刚好可以同时满足这两个要求。

根据设计要求，本章设计了如下三种结构。

第一种，选择 TiO_2、Si 和 Al_2O_3 这三种材料。

第二种，选择 TiO_2、SiO_2 和 Al_2O_3 这三种材料。

第三种，选择 MgF_2、TiO_2 和 SF_{11} 这三种材料。

下面对每一种结构进行详细分析和讲解。

12.2.2　$TiO_2\,(Si\,Al_2O_3\,Si)^4\,TiO_2$

第一种结构如图 12-5(a)所示。选取 TiO_2、Si 和 Al_2O_3 这三种材料来设计芯片。当波长为 632.8nm 时，TiO_2、Si 和 Al_2O_3 的折射率分别 2.5837、3.8837 和 1.7660。经过仿真计算，该结构要达到最优折射率的最小介质厚度为 90nm，结构的最优周期数为 4。从图 12-5(b)可以看出，当入射角为 66.9°时，$r_{ssm}=1$，$r_{ppm}=0.01858$。r_{ssm} 和 r_{ppm} 的值刚好在规定范围内，此时 $\eta=53.82$，符合设计初衷。

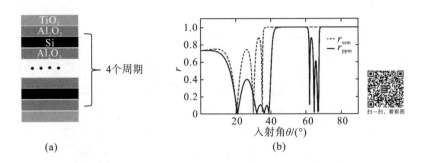

图 12-5　芯片结构及其特性：(a) 由 TiO_2、Si 和 Al_2O_3 构成的芯片结构模型；(b) 由 TiO_2、Si 和 Al_2O_3 构成的芯片结构中 s 波和 p 波的反射系数随入射角的变化

12.2.3　$Al_2O_3(SiO_2\,TiO_2\,SiO_2)^7Al_2O_3$

第二种结构如图 12-6(a) 所示。选取 TiO_2、SiO_2 和 Al_2O_3 这三种材料来设计芯片。当波长为 632.8nm 时，TiO_2、SiO_2 和 Al_2O_3 的折射率分别为 2.5837、1.4570 和 1.7660。经过仿真计算，该结构最优的折射率介质厚度为 100nm，结构的最优周期数为 7。从图 12-6(b) 可以看出，当入射角为 60° 时，$r_{ssm}=1$，$r_{ppm}=0.0168$。r_{ssm} 和 r_{ppm} 的值刚好在规定范围内，此时 $\eta=59.5238$，符合设计初衷。

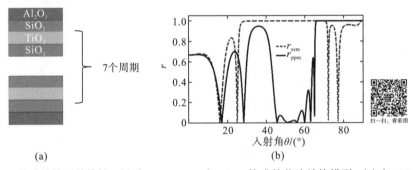

图 12-6　芯片结构及其特性：(a) 由 TiO_2、SiO_2 和 Al_2O_3 构成的芯片结构模型；(b) 由 TiO_2、SiO_2 和 Al_2O_3 构成的芯片结构中 s 波和 p 波的反射系数随入射角的变化曲线

12.2.4　$SF_{11}(MgF_2\,TiO_2MgF_2)^6\,SF_{11}$

第三种结构如图 12-7(a) 所示。选取 MgF_2、TiO_2 和 SF_{11} 这三种材料来设计芯片。当波长为 632.8nm 时，MgF_2、TiO_2 和 SF_{11} 的折射率分别为 2.3800、2.5837 和 1.7786。经过仿真计算，该结构最优的折射率介质厚度为 110nm，结构的最优周期数为 6。从图 12-7(b) 可以看出，当入射角为 61.8° 时，$r_{ssm}=1$，$r_{ppm}=0.01903$。r_{ssm} 和 r_{ppm} 的值刚好在规定范围内，此时 $\eta=52.55$，符合设计初衷。

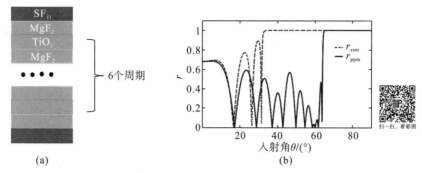

图 12-7 芯片结构及其特性：(a) 由 MgF_2、TiO_2 和 SF_{11} 构成的芯片结构模型；(b) 由 MgF_2、TiO_2 和 SF_{11} 构成的芯片结构中 s 波和 p 波的反射系数随入射角的变化曲线

12.2.5 结果分析及优化

根据以上分析，可以通过调节材料的折射率、周期数、入射角度、低折射率介质厚度等来设计符合要求的芯片结构，该设计结构的原理具有较高的普适性。综上所述，本研究最终选择的芯片设计为第二种结构。

确定了结构，根据公式 $a=a_s\times lc$ 可知手性分子 SHEL 的自旋横移与手性分子的浓度有关，所以需要确定最佳的溶液浓度。

如图 12-8 所示，当物质的浓度比较小时，手性溶液的自旋横移与物质的比旋度呈线性关系，但自旋横移值较小。当手性溶液的浓度比较大时，手性溶液的自旋横移与物质的比旋度只是在一部分手性物质中呈线性关系，在比旋度较大的物质中，自旋横移值的变化并不大，此时的灵敏度较低。所以，为了兼顾线性关系与高灵敏度，针对所有物质选取的最佳浓度为 3mg/mL，此时的灵敏度为 3.70μm/deg。从式 (12-8) 可知，根据不同范围的比旋度可以分别选取最佳的溶液浓度，例如，物质的比旋度范围在 $-30<\alpha<30$ 时，溶液的最佳浓度为 7mg/mL，此时的传感灵敏度为 9.22μm/deg。

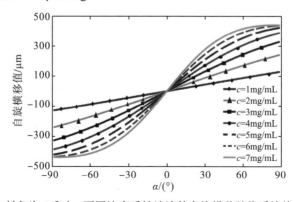

图 12-8 当入射角为 60°时，不同浓度手性溶液的自旋横移随物质比旋度的变化曲线

12.3 基于磁光薄膜的手性分子传感

12.3.1 引言

近年来,生物分子的手性鉴别和浓度测量在许多领域得到了广泛关注,特别是在药理学[325,326]、生物学[327]、化学[328-330]等领域。在以往的研究中发现,大多数 DNA 和蛋白质都是手性异构分子。这两种异构体分别叫作 L-左旋和 D-右旋[331,332]。在药物方面,新型手性分子药物多为单对映体药物。不同的手性分子有不同的功能。例如,手性分子传感在药理学中的应用,其中"沙利度胺"事件就是一个典型的例子[333,334]。手性分子的一种异构体具有镇静作用,而另一种异构体则对胚胎有致畸的危害。此外,包括农药、兽药在内的手性药物研究已成为未来医药领域的必然趋势,手性药物的销量不可低估。因此,实现对手性分子的识别和传感是非常紧迫和重要的任务[335,336]。最常用的方法有圆二色性[337]、旋光性[337]和荧光传感器[338,339],最近有人提出通过设计复杂的超表面结构来识别和传感手性分子[340-342],如艾斌等设计的超表面结构可以快速识别手性[338]。然而,在目前的实验条件下,很难对超表面物体进行实验。然而,圆二色性、旋光性和荧光传感器的精度通常小于0.001°[343],这对于极低浓度的生物分子来说是不够的。此外,荧光传感器还可能破坏生物分子的内部结构。超表面通常具有良好的生物分子传感性能,但由于制造技术的限制,难以得到广泛的实际应用。目前的主流方法,如色谱法、质谱法等,大多需要添加某种或其他试剂来鉴定手性分子。最重要的是要对其进行分析需要很长时间。本章所述方法可以直接对其进行识别,将手性溶液放入装置中即可识别手性溶液。

近年来,随着弱测量技术的发展,SHEL 测量被广泛应用于折射率传感[38,344]、石墨烯厚度测量[38,345]、光场控制[346]等领域。2016 年,邱晓东等利用 SHEL 验证了该方法能够识别手性分子并检测其浓度[64]。2017 年,周航等利用 SHEL 测量了混合溶液[347]中光学异构体的比例。在较小的旋光度范围内,手性分子的浓度与 SHEL 呈线性关系。目前,根据现有文献,最佳灵敏度为 13μm/mdeg。

在之前的工作中,已证实通过引入薄膜可以实现对 SHEL 的可调。通过对薄膜折射率和厚度等因子的优化,可以显著提高 SHEL,这对于生物分子的传感,特别是提高检测灵敏度和检测极限具有重要意义。

因此,本书提出将薄膜引入弱测量技术并应用于手性分子的传感。与以往的研究相比,本书得到了更有希望的结果,灵敏度比传统方法提高了 1.75 倍。

12.3.2　理论分析

本章设计了一种特殊的薄膜结构，结合弱测量技术通过 SHEL 检测手性分子的浓度。如图 12-9 所示，本实验使用波长为 632.8 nm 的 He-Ne 激光器，采用半波片(half-wave plate，HWP)来调节光束的强度。透镜系统(L_1 和 L_2)用来汇聚光束。格兰偏振镜 P_1 用于预选。其中，±为样品溶液的手性，α 为手性溶液的旋光角。薄膜充当反射界面。格兰偏振镜 P_2 和透镜 L_2 用于后选择。由 CCD 记录前选择和后选择状态之间的信息并传送到计算机[64]。

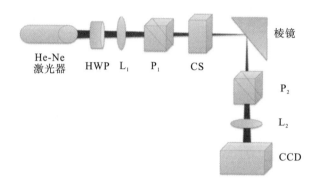

图 12-9　整个实验的实验框架

这里使用的薄膜是 SiO_2/YIG/Ce:YIG 结构的氧化物薄膜。对于多层薄膜结构，采用转移矩阵法计算反射光在薄膜界面上的 r_{ss} 和 r_{pp}。

假设光学结构由 N 层组成，各层介质中的电场关系如下：

$$E_0\begin{bmatrix} E_{0s}^{i} \\ E_{0s}^{r} \\ E_{0p}^{i} \\ E_{0p}^{r} \end{bmatrix} = Q\begin{bmatrix} E_{0s}^{i} \\ E_{0s}^{r} \\ E_{0p}^{i} \\ E_{0p}^{r} \end{bmatrix} = QE_0' \tag{12-13}$$

式中，E_0 和 E_0' 分别为多层介质上下表面空气层的电场。E_0' 矩阵中电场的上标 i 和 r 分别为入射光和反射光，下标 s 和 p 分别为 s 偏振光和 p 偏振光；Q 为连接各层电场的传递矩阵，表示为

$$Q = D_0\prod_{n=1}^{N}(D_nP_nD_n^{(-1)})D_0'$$

式中，矩阵 D_n 和 P_n 分别为第 n 层介质的动态矩阵和传输矩阵。

各向同性的动态矩阵 D_n 为

$$\boldsymbol{D}_n = \begin{bmatrix} 1 & 1 & 0 & 0 \\ N_{z0} & -N_{z0} & 0 & 0 \\ 0 & 0 & \dfrac{N_{z0}}{N} & \dfrac{N_{z0}}{N} \\ 0 & 0 & -N & N \end{bmatrix} \tag{12-14}$$

式中，N 为对应层的波矢。

各向同性传输矩阵 P_n 为

$$P_n = \begin{bmatrix} \exp\left(\mathrm{i}\dfrac{\omega}{c}N_{z1}^{(n)}d_n\right) & 0 & 0 & 0 \\ 0 & \exp\left(\mathrm{i}\dfrac{\omega}{c}N_{z2}^{(n)}d_n\right) & 0 & 0 \\ 0 & 0 & \exp\left(\mathrm{i}\dfrac{\omega}{c}N_{z3}^{(n)}d_n\right) & 0 \\ 0 & 0 & 0 & \exp\left(\mathrm{i}\dfrac{\omega}{c}N_{z4}^{(n)}d_n\right) \end{bmatrix} \tag{12-15}$$

式中，$d^{(n)}$ 为第 n 层电介质的厚度。由此计算出反射系数，即

$$r_{\mathrm{ss}} = \left(\frac{E_{0\mathrm{s}}^{(\mathrm{r})}}{E_{0\mathrm{s}}^{(\mathrm{i})}}\right)_{E_{0\mathrm{p}}^{(\mathrm{i})}=0} = \frac{M_{21}M_{33} - M_{23}M_{31}}{M_{11}M_{33} - M_{13}M_{31}}, \quad r_{\mathrm{ps}} = \left(\frac{E_{0\mathrm{p}}^{(\mathrm{r})}}{E_{0\mathrm{s}}^{(\mathrm{i})}}\right)_{E_{0\mathrm{p}}^{(\mathrm{i})}=0} = \frac{M_{41}M_{33} - M_{43}M_{31}}{M_{11}M_{33} - M_{13}M_{31}} \tag{12-16}$$

$$r_{\mathrm{sp}} = \left(\frac{E_{0\mathrm{s}}^{(\mathrm{r})}}{E_{0\mathrm{p}}^{(\mathrm{i})}}\right)_{E_{0\mathrm{s}}^{(\mathrm{i})}=0} = \frac{M_{11}M_{23} - M_{21}M_{13}}{M_{11}M_{33} - M_{13}M_{31}}, \quad r_{\mathrm{pp}} = \left(\frac{E_{0\mathrm{p}}^{(\mathrm{r})}}{E_{0\mathrm{p}}^{(\mathrm{i})}}\right)_{E_{0\mathrm{s}}^{(\mathrm{i})}=0} = \frac{M_{11}M_{43} - M_{13}M_{41}}{M_{11}M_{33} - M_{13}M_{31}} \tag{12-17}$$

当入射光为水平偏振的高斯光束时，其角谱可表示为

$$E_{\mathrm{i}} = \frac{w_0}{\sqrt{2\pi}}\exp\left[-\frac{w_0^2(k_{\mathrm{ix}}^2 + k_{\mathrm{iy}}^2)}{4}\right] \tag{12-18}$$

当入射到格兰偏振镜上时，发射光的偏振态为

$$|H\rangle = \frac{1}{\sqrt{2}}(|+\rangle + |-\rangle) \tag{12-19}$$

假设手性溶液的旋光角为 α，则系统通过手性溶液后的状态为

$$\psi_{\mathrm{i}} = \cos\alpha|H\rangle + \sin\alpha|V\rangle \tag{12-20}$$

在薄膜界面反射后将产生 SHEL，其 Berry 几何相位为 $\mathrm{e}^{-\mathrm{i}k_y\delta\hat{\sigma}_3}$，其中，$\delta$ 为自旋横移的大小，$\hat{\sigma}_3 = \mathrm{diag}(1,-1)$ 为自旋算子。根据弱值表达式，选择状态为 $\psi_{\mathrm{f}} = |V\rangle$，有

$$A_{\mathrm{w}}' = \frac{\langle\psi_{\mathrm{f}}|\hat{\sigma}|\psi_{\mathrm{i}}'\rangle}{\langle\psi_{\mathrm{f}}|\psi_{\mathrm{i}}'\rangle} = \mathrm{i}\frac{\cot\alpha}{\eta} \tag{12-21}$$

式中，$\eta = \dfrac{r_{\mathrm{s}}}{r_{\mathrm{p}}}$。

因此，可以通过几何光学[342]的计算得到弱测量系统的放大光束位移，即

$$\langle y \rangle = \frac{\langle \psi_f | i\partial k_\perp | \psi_f \rangle}{\langle \psi_f | \psi_f \rangle}$$

$$= \frac{z}{R_0} \frac{2\alpha\eta}{\left[e^{k\delta^2/R_0}(\eta^2\alpha^2+1) + \eta^2\alpha^2 - 1 \right]} \delta \tag{12-22}$$

根据该公式，可以得到手性溶液的浓度与 SHEL 之间的关系。当样品溶液浓度不同时，SHEL 值也不同。根据 CCD 得到的 SHEL 值，可以判断样品溶液的手性和浓度。

此外，本实验还测量了总位移 $\langle y \rangle_{mix}$ 和总浓度 $\langle c \rangle_{mix}$，可以通过等式 (12-23) 得到 $\langle c \rangle$ 和 $\langle y \rangle$ 之间的关系，并用 $\beta = \langle y \rangle / c$ 表示。因此，当已知样品 (c_1) 的浓度时，可得到杂质含量 (c_2)。

$$c_2 = \frac{\langle y \rangle_{mix} - c_1\beta_1}{\beta_2} \tag{12-23}$$

12.3.3　仿真和实验

本章设计了一种利用 SHEL 来检测手性分子浓度的薄膜结构。该薄膜结构被广泛应用于生物分子的检测。2020 年，张鹏宇等利用薄膜结构提高了对极低浓度样品溶液[340]检测的灵敏度。根据该理论，模拟了不同浓度 D-色氨酸和 L-色氨酸的 SHEL 位移。本章选择 SiO_2-YIG-Ce:YIG 结构。YIG 厚度选择为 30nm，折射率为 2.38。SiO_2 的折射率为 1.45。首先，以 D-色氨酸为例，研究 Ce:YIG 厚度对自旋横移的影响。为了优化薄膜的厚度和折射率，模拟了不同参数下 SHEL 的强度，如图 12-10(a) 所示。当 Ce:YIG 的折射率为 2.3，厚度为 43.5nm 时，自旋横移达到最大值。然而，由于沉积过程的误差，Ce:YIG 的参数是介电常数的主要对角元 $\varepsilon_{Ce:YIG} = 5.9197 + 0.1966i$，厚度为 56nm。图 12-10(b) 是薄膜的三维结构示意图，主要由 Ce:YIG、YIG、SiO_2 和支撑用的棱柱组成。

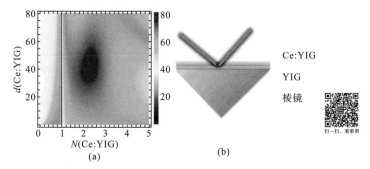

图 12-10　Ce:YIG 厚度对自旋横移的影响：(a) 自旋横移与 Ce:YIG 参数变化关系图 (其中横坐标为 Ce:YIG 的折射率，纵坐标为 Ce:YIG 的厚度，颜色的深浅表示自旋横移的大小)；(b) 该薄膜的三维结构示意图

　　下面用优化后的薄膜模拟色氨酸溶液在不同浓度下的 SHEL。模拟结果表明，引入薄膜可以提高对手性分子的检测灵敏度。对于不同手性的色氨酸溶液，图 12-11 给出了 SHEL 与样品浓度关系的模拟结果。从图中可以看出，自旋横移的大小与浓度成正比。然而，自旋横移对 D-色氨酸为正，而对 L-色氨酸为负。虚线和实线分别表示添加氧化膜和空棱镜的模拟结果。这里将灵敏度定义为旋光角每旋转 1mdeg 时 SHEL 的大小，以 μm/mdeg 为单位。图 12-11 表明该薄膜可以显著提高其灵敏度。每 1mg/mL 样品溶液的位移绝对值为 67μm，转换成旋光角为 23.1μm/mdeg。对于空棱镜，样品溶液每 mg/mL 的变化对应的位移绝对值为 38.3μm，转换成旋光角为 13.2μm/mdeg。

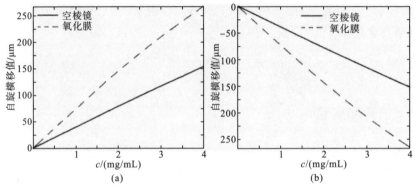

图 12-11　SHEL 与样品浓度之间的关系：(a) SHEL 随 D-色氨酸浓度变化曲线；(b) SHEL 随 L-色氨酸浓度变化曲线

　　我们不仅可以使用该设备进行手性溶液的鉴定和浓度检测，还可以检测手性异构体混合溶液中杂质的含量，即根据方程式 (12-23) 得到混合溶液中的杂质含量。假设需要检测 8mg/mL 的 D-色氨酸中 L-色氨酸的杂质含量。图 12-12 为 4～8mg/mL D-色氨酸中不同浓度的 L-色氨酸与 SHEL 关系的模拟结果。因此，可以得到 8mg/mL 中 D-色氨酸中杂质 L-色氨酸的含量。模拟结果表明，薄膜的引入提高了对混合溶液中杂质含量的检测灵敏度。

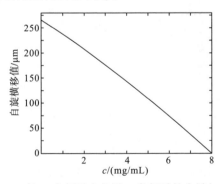

图 12-12　4～8mg/mL 的 D-色氨酸中杂质 L-色氨酸的含量与自旋横移值的关系

　　为了验证理论和仿真结果，进行如下实验。实验装置如图 12-9 所示。在做实验之前，需要等待 CCD 的分裂光斑调制清晰，没有杂光。在做实验之前，应该使样品必须完全溶解在溶液中。最好使用超声波机加速样品溶解。然后将其在实验前静置一天。在实验过程中，试管中可能存在气泡或其他不稳定因素。此时，应该在大约 30min 后开始记录数据。至少对样品溶液进行两次测试，每次记录 10min，取平均值即可得到最终的自旋横移值。

　　实验结果如图 12-13 所示。在图 12-13(a) 中，黑色方框和实线分别为没有加入薄膜时不同浓度样品的自旋横移值的实验测量值和对应的线性拟合结果。将薄膜加入对自旋横移值的测量中，得到了增强的 SHEL，类似地，在图 12-13(b) 中为红色圆点和实线。对比图 12-13(a) 和图 12-13(b)，可以看出 D-色氨酸和 L-色氨酸的质心位置不同的 SHEL，这是由手性相反导致的。在弱测量系统中引入 Ce:YIG 薄膜，测量结果依然为线性关系，但明显提高了测量灵敏度。这些实验结果与理论和数值模拟结果相吻合。图 12-13(c) 和图 12-13(d) 是 CCD 记录的浓度分别为 0mg/mL、2mg/mL、4mg/mL 的 D-色氨酸和 L-色氨酸的光斑。从图 12-13(c)[或图 12-13(d)]可以看出，光束的强度中心随 D-色氨酸(或 L-色氨酸)溶液浓度的增加而向上(或向下)移动。在测量中引入 Ce:YIG 薄膜后，光束中心的偏移明显增强。因此，手性分子的浓度越大，随着旋光角的增大，光束中心的偏移也越大。相反方向的自旋横移取决于手性。自旋横移值越大，两个光斑强度之间的差异越大。

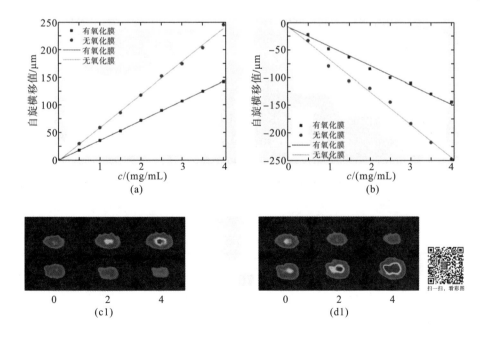

(a)　　　　　　　　　　　　　　(b)

(c1)　　　　　　　　　　　　　　(d1)

扫一扫，看彩图

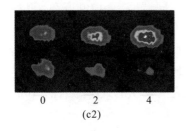 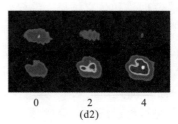

0	2	4
(c2)		

0	2	4
(d2)		

图 12-13 自旋横移与样品浓度的实验关系：(a)方块表示棱镜下样品浓度的自旋横移值，线表示拟合曲线；(b)点表示氧化膜下样品浓度的自旋横移值，线表示拟合曲线；CCD 分别在 0mg/mL、2mg/mL 和 4mg/mL 浓度下记录的(c1)空棱镜下 D-色氨酸的光斑变化图；(c2)空棱镜下的 L-色氨酸的光斑变化图；(d1)氧化膜下的 D-色氨酸的光斑变化图；(d2)氧化膜下的 L-色氨酸光斑变化图

然而实验结果与理论之间的误差总是存在的，原因可能如下。第一，在溶液的配置过程中存在误差。其中一部分误差来自试剂称量，另一部分误差来自溶剂称量。第二，温度对比旋度的影响。比旋度是在当外界环境为 20℃时，用钠灯光源照射以水为溶剂的 1mg/mL 色氨酸溶液得到的，但实际测试情况却与此不同。第三，比色皿的位置不确定。比色皿稍有移动就会改变光斑位置。第四，氧化膜表面的粗糙度不均匀。光照在氧化膜表面不同位置时均会引起 SHEL 的变化。第五，外部环境的影响，如由棱镜和比色皿上的光反射和折射所引起的杂散光。第六，光束跳动引起的误差，如等待的时间可能不够，CCD 测量自旋横移引起的测量不确定度。

一般将比旋度定义为

$$[\alpha_s] = \frac{\alpha}{lc} \tag{12-24}$$

式中，l、c 分别为样品溶液的光程长度和浓度。灵敏度对比结果如表 12-1 所示。仅采用单一棱镜作为反射界面，对 1mg/mL 浓度的色氨酸溶液进行测量，其自旋横移值为 38.3μm，转换成旋光角为 13.2μm/mdeg。在反射界面中加入 Ce:YIG 薄膜后，其自旋横移值可达 67μm，转化为旋光角为 23.1μm/mdeg。其灵敏度比前者提高了约 1.75 倍。

表 12-1 空棱镜、加薄膜时检测情况的对比和研究现状　　　　　单位：μm/mdeg

D-色氨酸						L-色氨酸					
棱镜		薄膜		现状		棱镜		薄膜		现状	
仿真	实验	仿真	实验	仿真	实验	仿真	实验	仿真	实验	仿真	实验
13.2	12.3	23.1	20.6	\	13	−13.2	−12.2	23.1	−20.5	\	−13

实验数据表明,在 1mg/mL 的 D-色氨酸和 L-色氨酸溶液中,当仅使用棱镜时,自旋横移分别为 35.7μm 和 35.3μm,转换为旋光角分别为 12.3μm/mdeg 和 12.2μm/mdeg。加入 Ce:YIG 薄膜后,自旋横移可分别增强到 59.8μm 和 59.5μm,转化为旋光角分别为 20.6μm/mdeg 和 20.5μm/mdeg。因此,引入 Ce:YIG 薄膜使检测灵敏度提高了 1.75 倍,与仿真结果一致。

单一棱镜的实验数据表明,L-色氨酸的比旋度为 26.73°,D-色氨酸的比旋度为 27.03°。根据氧化物薄膜的实验数据,实验测得的 L-色氨酸的比旋度为 25.75°,D-色氨酸的比旋转度为 25.88°。证明了该方法的可行性。

此外,本章对混合溶液中手性分子的含量进行了检测,发现实验结果与理论仿真一致,实验结果如图 12-14 所示。将 Ce:YIG 薄膜加入杂质测量实验中,得到了增强的 SHEL,实验结果和理论仿真分别为黑色方框和实线。在弱测量系统中引入 Ce:YIG 薄膜,手性分子的含量和旋光角的变化依然为线性关系,但灵敏度明显提高。这些结果与理论和模拟结果吻合得较好。为此,本章提出一种结合弱测量理论的测量方法对混合溶液中手性分子的含量进行检测,并结合实验结果证明了该方法的正确性。图 12-14 为光斑强度图像与实验结果。从图中可以看到,光斑的强度随着手性分子浓度的增大而减小。

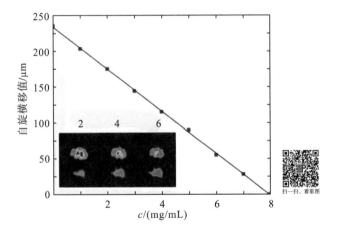

图12-14　6~8mg/mL D-色氨酸中 L-色氨酸的浓度与自旋横移的实验关系(插图:由 CCD 记录的与实验数据相对应的光斑)

理论和实验结果表明,将 Ce:YIG 薄膜引入弱测量系统可以提高对手性分子的检测灵敏度。针对手性分子含量检测的实验结果与数值模拟具有较好的一致性,说明该理论模型适用于基于弱测量理论中关于手性分子的检测。

12.4　本　章　小　结

本章提出了一种基于受抑全反射的一维光子晶体中 SHEL 的手性分子鉴别方法。测量原理如图 12-15 所示。

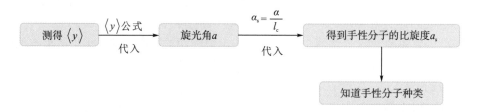

图 12-15　基于受抑全反射的一维光子晶体中 SHEL 的手性分子鉴别方法思路图

12.1 节简单介绍了手性及手性分子的概念。手性是指一个物体无法与其镜像重合的性质，手性物质及其镜像称为手性对映体。手性分子是指物体与其镜像无法互相重合且具有一定构型或构象的分子。同时，介绍了测量手性分子的主要方法及现有方法存在的局限性。因为 SHEL 容易受旋光及偏振面翻转的影响，所以提出了将 SHEL 用于手性分子的检测，并用一维光子晶体增强 SHEL，为后续做了伏笔。

12.2 节从理论上推导了手性分子的 SHEL 自旋横移值的计算方法。通过对手性分子 SHEL 自旋横移公式的化简，得出指导一维光子晶体结构设计的有效指导参数 η 的最优取值范围：$50<\eta<60$。η 是一个与 s 波和 p 波的反射系数有关的量。$\eta=r_{ssm}/r_{ppm}$，若要满足 η 的取值范围，最简单的方法就是让分子等于 1，而后通过调节 r_{ppm} 的取值来满足需求。若 $50\leqslant\eta\leqslant60$，$r_{ssm}=1$，则 $0.0167\leqslant r_{ppm}\leqslant0.0200$。可以发现，$r_{ppm}$ 是趋于 0 的数，而 r_{ssm} 是趋于 1 的数，基于受抑全反射的一维光子晶体隧穿模的结构刚好可以满足这两个要求。这为后续设计模型提供了有力的理论支持。

12.3 节通过材料的选取、仿真计算得出结构中 s 波和 p 波的反射系数，利用公式 $\eta=r_{ssm}/r_{ppm}$ 计算出不同结构中的 η，并与最优的 η 取值范围作比较。最终，我们设计出了三种符合研究需求的一维光子晶体结构模型。

12.4 节经综合考虑选取了 $Al_2O_3(SiO_2\ TiO_2\ SiO_2)^7Al_2O_3$ 这种结构模型，并研究了不同浓度手性溶液的自旋横移随着物质比旋度的变化曲线。得出结论：可以根据不同范围的比旋度分别选取最佳的溶液浓度，如当物质的比旋度范围为 $-30<\alpha<30$ 时，溶液的最佳浓度为 7mg/mL，此时的传感灵敏度为 9.22μm/deg。

　　本章首先从理论上优化了基于弱测量理论中关于手性分子的检测，并提出了相应的理论模型，同时进行了实验验证。其次，通过理论和实验证明了 SHEL 可以识别手性分子，同时给出溶液中手性分子的浓度。此外，也可以通过实验检测手性分子混合溶液中的杂质含量。另外，Ce:YIG 薄膜的引入可以提高灵敏度。具有不同手性色氨酸溶液的理论和实验结果提高了约 1.75 倍。理论和实验结果吻合得较好，说明理论模型和实验方法是可靠的，这进一步发展了 SHEL 在生物分子检测中的应用。该方法快速方便、精度高、通用性好，同时检测低浓度、小剂量、高灵敏度的手性分子对食品安全和药物合成具有重要意义。

参 考 文 献

[1] Langmuir I. Oscillations in ionized Gases[J]. Proceedings of the National Academy of Sciences of the United States of America, 1928, 14(8): 627-637.

[2] Wood W R. On a remarkable case of uneven distribution of light in a diffraction grating spectrum[J]. Proceedings of the Physical Society of London, 1902, 18(1): 269-275.

[3] Fano U. The theory of anomalous diffraction gratings and of quasi-stationary waves on metallic surfaces (sommerfeld's waves)[J]. J.Opt.Soc.Am., 1941, 31(3): 213-222.

[4] Ritchie R H. Plasma losses by fast electrons in thin films[J]. Physical Review, 1957, 106(5): 874-881.

[5] Powell C J. The origin of the characteristic electron energy losses in aluminium and magnesium[J]. Physical Review, 1959, 115(4): 869-875.

[6] Stern E A, Ferrell R A. Surface plasma oscillations of a degenerate electron gas[J]. Physical Review, 1960, 120(1): 130-136.

[7] Reather H. Surface plasmon on smooth and rough Surface and on gratings berlin[J]. Springer-Verlag, 1988, 1, 13-16.

[8] 曹庄琪. 导波光学[M]. 北京: 科学出版社, 2007:133, 134.

[9] 韩欢欢. 基于多层纳米薄膜的表面等离子体共振传感的研究[D]. 秦皇岛: 燕山大学, 2016: 15, 16.

[10] Jorgenson R C. Surface plasmon resonance based bulk optic and fiber optic sensors[J]. Thesis Washington Univ., 1993, 8992: 89920A-89920A-8.

[11] Salamon Z, Lindblom G, Rilfors L, et al. Interaction of phosphatidylserine synthase from E. coli with lipid bilayers: Coupled plasmon-waveguide resonance spectroscopy studies[J]. Biophysical Journal, 2000, 78(3): 1400-1412.

[12] 刘国华, 常露, 张维, 等. SPR 传感技术的发展与应用[J]. 仪表技术与传感器, 2005, (11): 1-5.

[13] Matsubara K, Kawataand S, Minami S. Optical chemical sensor based on surface plasmon measurement[J]. Applied Optics, 1988, 27(6): 1160-1163.

[14] Shankaran D R, Gobi K V, Miura N. Recent advancements in surface plasmon resonance immunosensors for detection of small molecules of biomedical, food and environmental interest[J]. Sensors and Actuators B: Chemical, 2007, 121(1): 158-177.

[15] Homola J. Surface plasmon resonance sensors for detection of chemical and biological species[J]. Chemical Reviews, 2010, 39(18): 462-493.

[16] Vukusic P S, Bryan-Brown G P, Sambles J R. Surface plasmon resonance on gratings as a novel means for gas sensing[J]. Sensors & Actuators B Chemical, 1992, 8(2): 155-160.

[17] Jorgenson R C, Yee S S. A fiber-optic chemical sensor based on surface plasmon resonance[J]. Sensors & Actuators B, 1993, 12(3): 213-220.

[18] Ho H P, Lam W W. Application of differential phase measurement technique to surface plasmon resonance sensors[J]. Sensors and Actuators B: Chemical, 2003, 96(3): 554-559.

[19] Wu C M, Jian Z C, Joe S F, et al. High-sensitivity sensor based on surface plasmon resonance and heterodyne interferometry[J]. Sensors and Actuators B: Chemical, 2003, 92(1): 133-136.

[20] Liedberg B, Nylander C, Lundstrom I. Surface plasmon resonance for gas detection and biosensing[J]. Sensors & Actuators, 1983, 4: 299-304.

[21] Hanken D G, Corn R M. Electric fields and noncentrosymmetric multilayer films at electrochemically modulated surface plasmon sesonance experiments[J]. Analytical Chemistry, 1997, 69(18): 3665-3673.

[22] Kabashin A V, Nikitin P I. Surface plasmon resonance interferometer for bio- and chemical-sensors[J]. Optics Communications, 1998, 150(1-6): 5-8.

[23] Dostálek J, Homola J, Miler M. Rich information format surface plasmon resonance biosensor based on array of diffraction gratings[J]. Sensors and Actuators B (Chemical), 2005, 107(1): 154-161.

[24] Byun K M, Kim D, Kim S J. Investigation of the sensitivity enhancement of nanoparticle-based surface plasmon resonance biosensors using rigorous coupled wave analysis[J]. Proceedings of SPIE - The International Society for Optical Engineering, 2005, 5703: 1796-1799.

[25] Chien F C, Chen S J, Hu W P, et al. Nanoparticle-enhanced ultrahigh-resolution surface plasmon resonance biosensors[J]. Proceedings of SPIE - The International Society for Optical Engineering, 2004, 5327: 140-147.

[26] Homola J, Yee S S. Surface plasmon resonance sensor based on planar light pipe: Theoretical optimization analysis[J]. Sensors and Actuators B: Chemical, 1996, 37(3): 145-150.

[27] Sepúlveda B, Calle A, Lechuga L et al. Highly sensitive detection of biomolecules with the magneto-optic surface-plasmon-resonance sensor[J]. Optics Letters, 2006, 31(8): 1085-1087.

[28] Kochergin V E, Beloglazov A A, Valeiko M V, et al. Phase properties of a surface-plasmon resonance from the viewpoint of sensor applications[J]. Quantum Electronics, 1998, 28(5): 444.

[29] 马春生. 光波导模式理论[M]. 吉林: 吉林大学出版社, 2007: 13-20.

[30] 杜平安. 有限元网格划分的基本原则[J]. 机械设计与制造, 2000, 01(1): 34-36.

[31] Slobozhanyuk A P, Poddubny A N, Sinev I S, et al. Enhanced photonic spin Hall effect with subwavelength topological edge states[J]. Laser & Photonics Reviews, 2016, 10(4): 656-664.

[32] Kort-Kamp W J M. Topological phase transitions in the photonic spin Hall effect[J]. Physical Review Letters, 2017, 119(14): 147401.

[33] Menard J M, Maltacchione A E, Driel H M V, et al. Ultrafast optical imaging of the spin Hall effect of light in semiconductors[J]. Physical Review B, 2010, 82(4): 2818-2823.

[34] Ling X, Zhou X, Huang K, et al. Recent advances in the spin Hall effect of light[J]. Reports on Progress in Physics, 2017, 80(6): 066401.

[35] Leyder C, Romanelli M, Karr J P, et al. Observation of the optical spin Hall effect[J]. Nature Physics, 2007, 3: 628-631.

[36] Haefner D, Sukhov S, Dogariu A. Spin Hall effect of light in spherical geometry[J]. Physical Review Letters, 2009, 102(12):123903.

[37] 魏桂萍, 周新星, 李瑛, 等. 转换反射中光自旋霍尔效应的自旋堆积方向[J]. 光学学报, 2012, 032(007): 263-267.

[38] Tang T T, Jie L, Li L, et al. Magneto-optical modulation of photonic spin Hall effect of graphene in terahertz region[J]. Advanced Optical Materials, 2018, 6(7): 1701212.1-1701212.7.

[39] Luo L, Feng G, Zhou S, et al. Photonic spin Hall effect of reflected light in a prism-graphene waveguide[J]. Superlattices & Microstructures, 2018, 122(OCT.): 530-537.

[40] Zhang X. Metamaterials for perpetual cooling at large scales[J]. Science, 2017, 355(6329): 1023, 1024.

[41] Sala V G, Solnyshkov D D, Carusotto I, et al. Engineering spin-orbit coupling for photons and polaritons in microstructures[J]. Physics, 2014, 5: 1-11.

[42] O'Connor, D, Ginzburg P, Rodríguez-Fortuo, F. J, et al. Spin-orbit coupling in surface plasmon scattering by nanostructures[J]. Nature Communications, 2014, 5:5327.

[43] Li Z, Liu W, Cheng H, et al. Manipulation of the photonic spin Hall effect with high efficiency in gold-nanorod-based metasurfaces[J]. Advanced Optical Materials, 2017, 5(20): 1700413.

[44] Aharonov Y, Albert D Z, Vaidman L. How the result of a measurement of a component of the spin of a spin-1/2 particle can turn out to be 100. Physical Review Letters, 1988, 60(14): 1351.

[45] Chen S Z, Mi C Q, Cai L, et al. Observation of the Goos-Hanchen shift in graphene via weak measurements[J]. Applied Physics Letters, 2017, 110(3): 031105.1-031105.5.

[46] Chen S, Mi C, Cai L, et al. Observation of the Goos-Hanchen shift in graphene via weak measurements[J]. Applied Physics Letters, 2017, 110(3): 031105.1-031105.5.

[47] Santana O J S, Carvalho S A De L S, et al. Weak measurement of the composite Goos-Hänchen shift in the critical region[J]. Optics Letters, 2016, 41(16): 3884-3387.

[48] Qiu X, Xie L, Liu X, et al. Precision phase estimation based on weak-value amplification[J]. Applied Physics Letters, 2017, 110(7):071105.1-071105.5.

[49] Xu X Y, Kedem Y, Sun K, et al. Phase estimation with weak measurement using a white light source[J]. Physical Review Letters, 2013, 111(3): 033604.

[50] Knight J M, Vaidman L. Weak measurement of photon polarization[J]. Physics Letters A, 1990, 143(8): 357-361.

[51] Iinuma M, Suzuki Y, Taguchi G, et al. Weak measurement of photon polarization by back-action induced path interference[J].New Journal Of Physics, 2012, 13: 033041.

[52] Pryde G J, O'Brien J L, White A G, et al. Measurement of quantum weak values of photon polarization[J]. Physical Review Letters, 94(22): 220405.1-220405.4.

[53] Zhou, X X, Li, X, Luo, HL, et al. Optimal preselection and postselection in weak measurements for observing photonic spin Hall effect[J]. Applied Physics Letters, 2014, 104(5): 051130.

[54] Zhou X, Ling X, Zhang Z, et al. Observation of spin Hall effect in photon tunneling via weak measurements[J]. Scientific Reports, 2014, 4: 7388.

[55] Lee Y U, Wu J W. Control of optical spin Hall shift in phase-discontinuity metasurface by weak value measurement post-selection[J]. Scientific Reports, 2015, 5: 13900.

[56] Beaurgard O D, Imbert C. Quantized longitudinal and transverse shifts associated with total internal reflection[J]. Phys. Rev. Lett., 1972, 28(18): 1211-1213.

[57] Jayaswal G, Mistura G, Merano M. Weak measurement of the Goos-Hänchen shift[J]. Optics Letters, 2013, 38(8): 1232-4.

[58] Aiello A, Merano M, Woerdman J P. Duality between spatial and angular shift in optical reflection[J]. Physical Review A, 80(6): 061801.

[59] Dasgupta R, Gupta P K. Experimental observation of spin-independent transverse shift of the centre of gravity of a reflected Laguerre-Gaussian light beam[J]. Optics Communications, 2006, 257(1): 91-96.

[60] Okuda H, Sasada H. Huge transverse deformation in nonspecular reflection of a light beam possessing orbital angular momentum near critical incidence[J]. Optics Express, 2006, 14(18): 8393-8402.

[61] Onoda M, Murakami S, Nagaosa N. Hall effect of light[J]. Phys. Rev. Lett., 2004, 93(8): 083901.

[62] Bliokh K Y, Bliokh Y P. Conservation of angular momentum, transverse shift, and spin Hall effect in reflection and refraction of an electromagnetic wave packet[J]. Phys. Rev. Lett., 2006, 96(7): 073903.

[63] Luo H L, Ling X, Zhou X, et al. Enhancing or suppressing the spin Hall effect of light in layered nanostructures[J]. Physical Review A, 2011, 84(3): 033801.

[64] Qiu X D, Xie L, Liu X, et al. Estimation of optical rotation of chiral molecules with weak measurements[J]. Optics Letters, 2016, 41(17): 4032.

[65] Chen S Z, Ling X H, Shu W X, et al. Precision measurement of the optical conductivity of atomically thin crystals via the photonic spin Hall effect[J]. Physical Review A, 2020, 13(1): 014057.

[66] Wang R S, Zhou J X, Zeng K M, et al. Ultrasensitive and real-time detection of chemical reaction rate based on the photonic spin Hall effect[J]. Apl Photonics, 2020, 5(1): 016105.

[67] Zhou X, Xiao Z, Luo H, et al. Experimental observation of the spin Hall effect of light on a nanometal film via weak measurements[J]. Physical Review A, 2012, 85(4): 1-5.

[68] Qiu X, Zhou X, Hu D, et al. Determination of magneto-optical constant of Fe films with weak measurements[J]. Applied Physics Letters, 2014, 105(13): 131111.1-131111.4.

[69] Xie L G, Zhang Z, Du J, et al. The photonic spin Hall effect sensor[J]. Proc. SPIE, 2017, 10373: 103730A-1.

[70] Sheng L, Xie L, Luo H, et al. Sensitivity enhanced refractive index sensor by reducing the influence of in-plane wavevector in photonic spin Hall effect[J]. IEEE Photonics Journal, 2018, 10(5): 1-9.

[71] Zhou X X, Sheng L, Ling X. Photonic spin Hall effect enabled refractive index sensor using weak measurements[J]. Scientific Reports, 2018, 8(1): 1221.

[72] Hosten O, Kwiat P. Observation of the spin Hall effect of light via weak measurements[J]. Science, 2008, 319(5864): 787-790.

[73] 刘公强, 刘湘林. 磁光调制和法拉第旋转测量[J]. 光学学报, 1984, 07: 14-18.

[74] 苏洋, 王江平, 李玉权. 基于法拉第效应的空间电磁场测量的方向性研究[J]. 光学学报, 2008, 28(4): 99-103.

[75] Brubaker M E, Moog E R, Sowers C H, et al. Transverse magneto-optic Kerr effect in ultrathin films[J]. Journal of Magnetism & Magnetic Materials, 1992, 103 (1-2): L7‒L12.

[76] Qiu Z Q, Bader S D. Surface magneto-optic Kerr effect[J]. Review of Scientific Instruments, 2000, 71 (3): 1243-1255.

[77] Luo H, Zhou X, Shu W, et al. Enhanced and switchable spin Hall effect of light near the Brewster angle on reflection[J]. Physical Review A, 2011, 84 (4): 043806.

[78] Qiu X, Zhang Z, Xie L, et al. Incident-polarization-sensitive and large in-plane-photonic-spin-splitting at the Brewster angle[J]. Optics Letters, 2015, 40 (6): 1018.

[79] Tang T T, Li J, Zhang Y, et al. Spin Hall effect of transmitted light in a three-layer waveguide with lossy epsilon-near-zero metamaterial[J]. Opt. Express, 2016, 24 (24): 28113.

[80] Tiang T, Li J, Luo L, et al. Loss enhanced spin Hall effect of transmitted light through anisotropic epsilon- and mu-near-zero metamaterial slab[J]. Optics Express, 2017, 25 (3): 2347-2354.

[81] Zhou X X, Ling X H. Enhanced photonic spin Hall effect due to surface plasmon resonance[J]. IEEE Photonics Journal, 2016, 8 (1): 1-8.

[82] Tan X J, Zhu X S. Enhancing photonic spin Hall effect via long-range surface plasmon resonance[J]. Optics Letters, 2016, 41 (11): 2478.

[83] Xiang Y, Jiang X, You Q, et al. Enhanced spin Hall effect of reflected light with guided-wave surface plasmon resonance[J]. Photonics Research, 2017, 5 (5): 467-472.

[84] Zhou X, Sheng L, Ling X. Photonic spin Hall effect enabled refractive index sensor using weak measurements[J]. Scientific Reports, 2018, 8 (1): 1221.

[85] Li J, Tang T, Luo L, et al. Weak measurement of the magneto-optical spin Hall effect of light[J]. Photonics Research, 2019, 7 (9): 1014.

[86] Višňovský Š. Magneto-optical ellipsometry[J]. Czech. J. Phys., 1986, 36 (5): 625-650.

[87] Hosten O, Kwiat P. Observation of the spin Hall effect of light via weak measurements[J]. Science, 2008, 319 (5864): 787-790.

[88] Luo H, Zhou X, Shu W, et al. Enhanced and switchable spin Hall effect of Light near the Brewster angle on reflection[J]. Phys. Rev. A, 2011, 84 (4): 1452-1457.

[89] Homola J, Yee S S, Gauglitz G. Surface plasmon resonance sensors: Review[J]. Analytical & Bioanalytical Chemistry, 1999, 377 (3): 528-39.

[90] Slavík R, Homola J. Ultrahigh resolution long range surface plasmon-based sensor[J]. Sensors & Actuators B Chemical, 2007, 123 (1): 10-12.

[91] Wang Y, Huang C J, Jonas U, et al. Biosensor based on hydrogel optical waveguide spectroscopy[J]. Biosensors and Bioelectronics, 2010, 25 (7): 1663-1668.

[92] Nagarajan R, Joyner C H, Schneider R P J, et al. Large-scale photonic integrated circuits[J]. IEEE Journal of Selected Topics in Quantum Electronics, 2005, 11 (1): 50-65.

[93] Momeni B, Yegnanarayanan S, Soltani M, et al. Silicon nanophotonic devices for integrated lab-on-a-chip sensing[J]. Journal of Nanophotonics, 2009, 3(1):031001.

[94] Wang Y, Huang C J, Jonas U, et al. Biosensor based on hydrogel optical waveguide spectroscopy[J]. Biosensors and Bioelectronics, 2010, 25(7): 1663-1668.

[95] Fan I M White, Shopova S I, Zhu H, et al. Sensitive optical biosensors for unlabeled targets: A review[J]. Anal. Chim. Acta,2008, 620(1-2): 8-26.

[96] Fan X D, White I M. Optofluidic microsystems for chemical and biological analysis[J]. Nat. Photonics, 2011, 5(10): 591-597.

[97] Zhang X W, Ren L Q, Wu X, et al. Coupled optofluidic ring laser for ultrahigh-sensitive sensing[J]. Opt. Express, 2011,19: 22242-22247 .

[98] Zhu H, White I M, Suter J D, et al. Opto-fluidic micro-ring resonator for sensitive label-free viral detection[J]. Analyst (Lond.), 2008, 133(3): 356-360.

[99] Ren L Q, Wu X, Li M, et al. Ultrasensitive label-free coupled optofluidic ring laser sensor[J]. Opt. Lett., 2012,37: 3873-3875.

[100] Li H, Shang L, Tu X, et al. Coupling variation induced ultrasensitive label-free biosensing by using single mode coupled microcavity laser[J]. J. Am. Chem. Soc., 2009,131(46): 16612-16613.

[101] Fluitman J, Popma T. Optical waveguide sensors[J]. Sensors and Actuators, 1986, 10(1): 25-46.

[102] Giuliani J F, Wohltjen H, Jarvis N L. Reversible optical waveguide sensor for ammonia vapors[J]. Optics Letters, 1983, 8(1): 54-56.

[103] Homola J. Surface plasmon resonance sensors for detection of chemical and biological species[J]. Chem. Rev., 2008,108: 462-493.

[104] Van Duyne P. Biosensing with plasmonic nanosensors[J]. Nat. Mater.,2008,7(6): 442-453.

[105] Gao Y, Xin Z, Zeng B,et al. Plasmonic interferometric sensor arrays for high-performance label-free biomolecular detection[J]. Lab Chip., 2013, (24): 4755-64.

[106] Kavanagh L. Surface plasmon sensor based on the enhanced light transmission through arrays of nanoholes in gold films[J]. Langmuir,2004,20: 4813.

[107] Eggins B R. Chemical Sensors and Biosensors[M]. London: Wiley, 2002.

[108] Marcuse D. Theory of Dielectric Optical Waveguides[M]. New York: Academic Press, 1974.

[109] Liu Y, Kim J. Numerical investigation of finite thickness metal-insulator-metal structure for waveguide-based surface plasmon resonance biosensing[J]. Sensors and Actuators B: Chemical, 2010, 148(1): 23-28.

[110] Feng J, Siu V S, Roelke A, et al. Nanoscale plasmonic interferometers for multispectral, high-throughput biochemical sensing[J]. Nano letters, 2012, 12(2): 602-609.

[111] Shumaker-Parry J S, Campbell C T. Quantitative methods for spatially resolved adsorption/desorption measurements in real time by surface plasmon resonance microscopy[J]. Analytical Chemistry, 2004, 76(4): 907-917.

[112] Quail J C, Rako J G, Simon H J. Long-range surface-plasmon modes in silver and aluminum films[J]. Optics Letters, 1983, 8(7): 377-379.

[113] Slavik R, Homola J. Ultrahigh resolution long range surface plasmon-based sensor[J]. Sensors and Actuators B Chemical, 2007, 123(1): 10-12.

[114] Sarid D. Long-range surface-plasma waves on very thin metal films[J]. Physical Review Letters, 1981, 47(26): 1927-1930.

[115] Shalabney A, Abdulhalim I . Figure-of-merit enhancement of surface plasmon resonance sensors in the spectral interrogation[J]. Optics Letters, 2012, 37(7): 1175.

[116] Piliarik M, Homola J. Surface plasmon resonance (SPR) sensors: Approaching their limit[J]. Optics Express, 2009, 17(19): 16505-16517.

[117] Clavero C, Yang K, Skuza J R, et al. Magnetic field modulation of intense surface plasmon polaritons[J]. Optics Express, 2010, 18(8): 7743-7752.

[118] Lee K S, Son J M, Jeong D Y, et al. Resolutionenhancement in surface plasmon resonance sensor based on waveguide coupled mode by combining a bimetallic approach[J]. Sensors, 2010, 10(12), 11390-11399.

[119] Konopsky V N, Basmanov D V, Alieva E, et al. Registration of long-range surface plasmon resonance byangle-scanning feedback and its implementation for optical hydrogen sensing[J]. New J. Phys., 2009, 11, 063049.

[120] Konopsky V N, Alieva E V. Long-range propagation of plasmon polaritons in a thin metal film on a one-dimensional photonic crystal surface[J]. Phys. Rev. Lett., 2006, 97: 253904.

[121] Konopsky V N, Alieva E V. Long-range plasmons in lossy metal filmson photonic crystal surfaces[J]. Opt. Lett., 2009, 34(4), 479-481.

[122] Baryshev A V, Merzlikin A M, Inoue M. Efficiency of optical sensing by a plasmonic photonic-crystal slab[J]. J. Phys. D: Appl. Phys., 2013, 46: 125107.

[123] Yuan Y, Dai Y. A revised LRSPR sensor with sharp reflection spectrum[J]. Sensors, 2014, 14(9): 16664-16671.

[124] Ignatyeva D O, Knyazev G A, Kapralov P O, et al.Magneto-optical plasmonic heterostructure with ultranarrow resonance for sensing applications[J]. Scientific Reports, 2016, 6: 28077.

[125] Armelles G, Cebollada A, A García-Martín, et al. Magnetoplasmonics: Combining magnetic and plasmonic functionalities[J]. Advanced Optical Materials, 2013, 1(1): 10-35.

[126] Sepúlveda B, Calle A, Lechuga L M, et al. Highly sensitive detection of biomolecules with the magneto-optic surface-plasmon-resonance sensor[J]. Optics Letters, 2006, 31(8): 1085-1087.

[127] Wang T J, Lee K H, Chen T T. Sensitivity enhancement of magneto-optic surface plasmon resonance sensors with noble/ferromagnetic metal heterostructure[J]. Laser Physics, 2014, 24(3): 036001.

[128] Regatos D, Borja S, David F, et al. Suitable combination of noble/ferromagnetic metal multilayers for enhanced magneto-plasmonic biosensing[J]. Optics Express, 2011, 19(9): 8336-8346.

[129] Ferreiro-Vila E, Gonzalez-Diaz J B, Fermento R, et al. Intertwined magneto-optical and plasmonic effects in Ag/Co/Ag layered structures[J]. Physical Review, 2009, 80(12): 125132.1-125132.9.

[130] Regatos D, Farina D, Calle A, et al. Au/Fe/Au multilayer transducers for magneto-optic surface plasmon resonance sensing[J]. Journal of Applied Physics, 2010, 108(5): 3581-3587.

[131] Gomi M, Furuyama H, Abe M. Strong magneto-optical enhancement in highly Ce-substituted iron garnet films prepared by sputtering[J]. Journal of Applied Physics, 1991, 70(11): 7065-7067.

[132] Qin J, Deng L, Xie J, et al. Highly sensitive sensors based on magneto-optical surface plasmon resonance in Ag/Ce:YIG heterostructures[J]. AIP Advances, 2015, 5(1): 017118.

[133] Garel L, Dutasta J P, Collet A. Complexation of methane and chlorofluorocarbons by cryptophane-a in organic solution[J]. Angewandte Chemie International Edition in English, 1993, 32: 1169-1171.

[134] Bartik K, Luhmer M, Dutasta J P, et al. 129Xe and 1H NMR study of the reversible trapping of xenon by cryptophane-A in organic solution[J]. Journal of the American Chemical Society, 1998: 784-791.

[135] Wu S, Yan Z, Li Z, et al. Mode-filtered light methane gas sensor based on cryptophane A[J]. Analytica Chimica Acta, 2009, 633(2):238.

[136] Benounis M, Jaffrezic R N, Dutasta J P, et al. Study of a new evanescent wave optical fibre sensor for methane detection based on cryptophane molecules[J]. Sensors and Actuators B, Chemical, 2005, B107(1): 32-39.

[137] Canceill J, Cesario M, Collet A, et al. Structure and properties of the cryptophane-E/CHCl3 complex, a stable van der waals molecule[J]. Angewandte Chemie International Edition in English, 1989, 28(9): 1246-1248.

[138] Qian X, Zhao Y, Zhang Y N, et al. Theoretical research of gas sensing method based on photonic crystal cavity and fiber loop ring-down technique[J]. Sensors & Actuators B: Chemical, 2016, 228: 665-672.

[139] Qin J, Yan Z, Xiao L, et al. Ultrahigh figure-of-merit in metal-insulator-metal magnetoplasmonic sensors using low loss magneto-optical oxide thin films[J]. ACS Photonics, 2017, 4(6): 1403-1412.

[140] Wei W, Nong J, Zhang G, et al. Graphene-based long-period fiber grating surface plasmon resonance sensor for high-sensitivity gas sensing[J]. Sensors, 2016, 17(12): 2.

[141] Mishra S K., Tripathi S N, Choudhary V, et al. Surface plasmon resonance-based fiber optic methane gas sensor utilizing graphene-carbon nanotubes-poly(MethylMethacrylate) hybrid nanocomposite[J]. Plasmonics, 2015, 10(5): 1-11.

[142] Ignatyeva D O, Kapralov P O, Knyazev G A, et al. High-Q surface modes in photonic crystal/iron garnet film heterostructures for sensor applications[J]. JETP Letters, 2017, 104(10): 679-684.

[143] Li J, Tang T, Zhang Y et al. Enhancement of the transverse magneto-optical Kerr effect via resonant tunneling in Au/Ce:YIG/Au trilayers and its application[J]. Laser Physics, 2017, 27: 026001.

[144] Hansen P, Krumme J P. Magnetic and magneto-optical properties of garnet films[J]. Thin Solid Films ,1984, 114: 69-107.

[145] Zvezdin A K, Kotov V A. Modern Magnetooptics and Magnetooptical Materials: Studies in Condensed Matter[M]. Moscow: Generd Physic Institute (IOFRAN), 1997.

[146] Veselago V G. The electrodynamics of substances with simultaneously negative values of ε and μ[J]. Sov. Phys. Usp., 1968, 10: 509-513.

[147] Shelby R A. Experimental verification of a negative index of refraction[J]. Science, 2001, 292(5514): 77-79.

[148] Pendry J B. Negative refraction makes a perfect lens[J]. Physical Review Letters, 2000, 85(18): 3966-3969.

[149] Homola J, Yee S S, Gauglitz G N. Surface plasmon resonance sensors: Review[J]. Sensors and Actuators B: Chemical, 1999, 54(1-2): 3-15.

[150] Chow E, Grot A, Mirkarimi L W, et al. Ultracompact biochemical sensor built with two-dimensional photonic crystal microcavity[J]. Optics Letters, 2005, 29(10): 1093-1095.

[151] Rindorf L, Jensen J B, Dufva M, et al. Photonic crystal fiber long-period gratings for biochemical sensing[J]. Optics Express, 2006, 14(18):8224-8231.

[152] Arnold S, Khoshsima M, Teraoka I, et al. Shift of whispering-gallery modes inmicrospheres by protein adsorption[J]. Opt. Lett., 2003, 28, 272-274.

[153] Chen L, Liu X B, Cao Z Q, et al. Mechanism of giant Goos-Hänchen effect enhance by long-range surface Plasmon excitation[J]. J.Opt. 2011, 13: 035002.

[154] Skivesen N, Horvath R, Pedersen H C. Optimization of metal-clad waveguide sensors[J]. Sensors & Actuators B Chemical, 2005, 106(2): 668-676.

[155] Skivesen N, Horvath R, Pedersen H C. Peak-type and dip-type metal-clad waveguide sensing[J]. Optics Letters, 2005, 30(13): 1659-1661.

[156] Veselago V G. The electrodynamics of substances with simultaneously negative values of ε and μ[J]. Sov Phys Usp, 1968, 10: 509.

[157] Shelby R A, Smith D R, Schultz S. Experimental verification of a negativeindex of refraction[J]. Science, 2001, 292: 77.

[158] Podolskiy V A, Narimanov E E. Strongly anisotropic waveguide as a nonmagnetic left-handed system[J]. Physical Review B, 2005, 71(20): 201101R(1-4).

[159] Hoffman A J, Alekseyev L, Narimanov E E, et al. Negative refraction in mid-infrared semiconductor metamaterials[J]. IEEE, 2007, 6: 946-950.

[160] Naik G V, Liua J J, Kildishev A V, et al. Demonstration of Al:ZnO as a plasmonic component of near-infrared metamaterials[J]. Proceedings of the National Academy of Sciences of the United States of America, 2012, 109(23): 8834-8838.

[161] Kullab H M, Taya S A, El-Agez T M. Metal-clad waveguide sensor using a left-handed material as a core layer[J]. Journal of the Optical Society of America B Optical Physics, 2012, 29(5): 959-964.

[162] Wang Y, Huang C J, Jonas U, et al. Biosensor based on hydrogel optical waveguide spectroscopy[J]. Biosensors and Bioelectronics, 2010, 25(7): 1663-1668.

[163] Slavik R, Homola J. Optical multilayers for LED-based surface plasmon resonance sensors[J]. Appl. Opt., 2006, 45(16):3752-3759.

[164] Gao Y, Xin Z, Zeng B, et al. Plasmonic interferometric sensor arrays for high-performance label-free biomolecular detection[J]. Lab on A Chip, 2013, 13(24): 4755-4764.

[165] Tetz K A, Pang L, Fainman Y. High-resolution surface plasmon resonance sensor based on linewidth-optimized nanohole array transmittance[J]. Optics Letters, 2006, 31(10): 1528-1530.

[166] Myers F B, Lee L P. Innovations in optical microfluidic technologies for point-of-care diagnostics[J]. Lab on A Chip, 2008, 8(12): 2015-2031.

[167] Mayer K M, Hafner J H. Localized surface plasmon resonance sensors[J]. Chemical Reviews, 2011, 111(6): 3828-3857.

[168] Feng J, Siu V S, Roelke A, et al. Nanoscale plasmonic interferometers for multispectral, high-throughput biochemical sensing[J]. Nano Letters, 2012, 12(2): 602-609.

[169] Kou J L, Feng J, Wang Q L, et al. Microfiber-probe-based ultrasmall interferometric sensor[J]. Optics Letters, 2010, 35(13): 2308-2310.

[170] Tang T T, Ma W Y, Liu W L et al. Sensing of refractive index based on mode interference in a five-layer slab waveguide[J]. Optics Communications, 2015, 334:294-297.

[171] Armani A M, Kulkarni R P, Fraser S E, et al. Label-free, single-molecule detection with optical microcavities[J]. Science, 2007, 317(5839): 783-787.

[172] Zeng B, Gao Y, Bartoli F J. Rapid and highly-sensitive detection using Fano resonances in ultrathin plasmonic nanogratings[C]. Lasers and Electro-Optics IEEE, 2014:1, 2.

[173] Matsubara K, Kawata S, Minami S. Multilayer system for a high-precision surface plasmon resonance sensor[J]. Optics Letters, 1990, 15(1): 75-77.

[174] Mayer K M, Hafner J H. Localized surface plasmon resonance sensors. Chemical Reviews, 2011, 111(6): 3828-3857.

[175] Tetz K A, Pang L, Fainman Y. High-resolution surface plasmon resonance sensor based on linewidth-optimized nanohole array transmittance[J]. Optics Letters, 2006, 31(10): 1528-1530.

[176] Myers F B, Lee L P. Innovations in optical microfluidic technologies for point-of-care diagnostics[J]. Lab on a Chip, 2008, 8(12): 2015-2031.

[177] Gao Y, Gan Q, Xin Z, et al. Plasmonic Mach-zehnder interferometer for ultrasensitive on-chip biosensing[J]. ACS Nano, 2011, 5(12): 9836-9844.

[178] Feng J, Siu V S, Roelke A, et al. Nanoscale plasmonic interferometers for multispectral, high-throughput biochemical sensing[J]. Nano Letters, 2012, 12(2): 602-609.

[179] Kou J, Feng J, Wang Q, et al. Microfiber-probe-based ultrasmall interferometric sensor[J]. Optics Letters, 2010, 35(13): 2308-2310.

[180] Tang T T, Ma W Y, Liu W L et al. Sensing of refractive index based on mode interference in a five-layer slab waveguide[J]. Optics Communications, 2015, 334: 294-297.

[181] Feng J, Siu V S, Roelke A, et al. Nanoscale plasmonic interferometers for multispectral, high-throughput biochemical sensing[J]. Nano Letters, 2012, 12(2): 602-609.

[182] Armani A M, Kulkarni R P, Fraser S E, et al. Label-free, single-molecule detection with optical microcavities[J]. Science, 2007, 317(5839): 783-787.

[183] Lam W W, Chu L H, Wong C L, et al. A surface plasmon resonance system for the measurement of glucose in aqueous solution[J]. Sensors and Actuators B: Chemical, 2005, 105(2): 138-143.

[184] Zeng B B, Gao Y K, Bartoli F J.Rapid and highly sensitive detection using fano resonances in ultrathin plasmonic nanogratings[J]. Appl. Phys. Lett., 2014,105:161106 .

[185] http://www.thorlabschina.cn/newgrouppage9.cfm?objectgroup_id=3328.

[186] Blanchetiere C, Callender C L, Jacob S, et al. Thermo-optic silica PLC devices for applications in high speed optical signal processing[C]//. Photonics North International Society for Optics and Photonics, 2011:8007.

[187] Geis M W, Spector S J, Williamson R C, et al. Submicrosecondsubmilliwatt silicon-on-insulator thermooptic switch[J]. IEEE Photonics Technology Letters, 2004, 16(11):2514-2516.

[188] Altet J, Rubio A, Schaub E, et al. Thermal coupling in integrated circuits: Application to thermal testing[J]. IEEE Journal of Solid-State Circuits, 2001, 36(1): 81-91.

[189] Pertijs M A P, Makinwa K A A, Huijsing J H. A CMOS Smart Temperature Sensor With a 3 σ Inaccuracy of $\pm$ 0.5℃ from −50℃ to 120℃[J]. IEEE Journal of Solid-State Circuits, 2005, 40(2): 454-460.

[190] Tetz K A, Pang L, Fainman Y. High-resolution surface plasmon resonance sensor based on linewidth-optimized nanohole array transmittance[J]. Optics Letters, 2006, 31(10): 1528-1530.

[191] Myers F B, Lee L P. Innovations in optical microfluidic technologies for point-of-care diagnostics[J]. Lab on A Chip, 2008, 8(12): 2015-2031.

[192] Mayer K M, Hafner J H. Localized surface plasmon resonance sensors[J]. Chemical Reviews, 2011, 111(6): 3828-3857.

[193] Gao Y, Gan Q, Xin Z, et al. Plasmonic Mach-zehnder interferometer for ultrasensitive on-chip biosensing[J]. Acs Nano, 2011, 5(12): 9836-9844.

[194] Feng J, Siu V S, Roelke A, et al. Nanoscale plasmonic interferometers for multispectral, high-throughput biochemical sensing[J]. Nano Letters, 2012, 12(2): 602-609.

[195] Kou J L, Feng J, Wang Q L, et al. Microfiber-probe-based ultrasmall interferometric sensor[J]. Optics Letters, 2010, 35(13): 2308-2310.

[196] Tang T T, Ma W Y, Liu W L, et al. Sensing of refractive index based on mode interference in a five-layer slab waveguide[J]. Optics Communications,2015, 334: 294-297.

[197] Feng J, Siu V S, Roelke A, et al. Nanoscale plasmonic interferometers for multispectral, high-throughput biochemical sensing[J]. Nano Letters, 2012, 12(2): 602-609.

[198] Armani A M, Kulkarni R P, Fraser S E, et al. Label-free, single-molecule detection with optical microcavities[J]. Science, 2007, 317(5839): 783-787.

[199] Zeng B, Gao Y, Bartoli F J. Rapid and highly-sensitive detection using Fano resonances in ultrathin plasmonic nanogratings[C]. Lasers and Electro-Optics IEEE, 2014: 1, 2.

[200] Wang Y, Huang C J, Jonas U, et al. Biosensor based on hydrogel optical waveguide spectroscopy[J]. Biosensors and Bioelectronics, 2010, 25(7): 1663-1668.

[201] Duval D, Osmond J, Dante S, et al. Grating couplers integrated on Mach-Zehnder interferometric biosensors operating in the visible range[J]. IEEE Photonics Journal, 2013, 5(2): 3700108.

[202] Chen L, Liu X, Cao Z, et al. Mechanism of giant Goos-Hänchen effect enhanced by long-range surface plasmon excitation[J]. Journal of Optics, 2011, 13(3): 035002.

[203] Liu X, Cao Z, Zhu P, et al. Large positive and negative lateral optical beam shift in prism-waveguide coupling system[J]. Physical Review E, 2006, 73(5): 56617.

[204] Morton P A, Morton M J, Zhang C, et al. High-power, high-linearity, heterogeneously integrated Ⅲ-Ⅴ on Si MZI modulators for RF photonics systems[J]. IEEE Photonics Journal, 2019, 11(2): 1-10.

[205] Wang C, Hu C, Pu M, et al. Directional coupler and nonlinear Mach-Zehnder interferometer based on metal-insulator-metal plasmonic waveguide[J]. Optics Express, 2010, 18(20): 21030-21037.

[206] Dai D, Wang Z, Liang D, et al. On-chip polarization handling for silicon photonics[J]. Spienewsroom, 2012, 2: 2-5.

[207] He X, Ning T, Lu S, et al. Ultralow loss graphene-based hybrid plasmonic waveguide with deep-subwavelength confinement[J]. Optics Express, 2018, 26(8): 10109-10118.

[208] Mayer K M, Hafner J H. Localized surface plasmon resonance sensors. Chemical Reviews, 2011, 111(6): 3828-3857.

[209] Tetz K A, Pang L, Fainman Y. High-resolution surface plasmon resonance sensor based on linewidth-optimized nanohole array transmittance[J]. Optics Letters, 2006, 31(10): 1528-1530.

[210] Myers F B, Lee L P. Innovations in optical microfluidic technologies for point-of-care diagnostics. Lab on a Chip, 2008, 8(12): 2015-2031.

[211] Gao Y, Gan Q, Xin Z, et al. Plasmonic Mach-Zehnder interferometer for ultrasensitive on-chip biosensing[J]. ACS Nano, 2011, 5(12): 9836-9844.

[212] Feng J, Siu V S, Roelke A, et al. Nanoscale plasmonic interferometers for multispectral, high-throughput biochemical sensing[J]. Nano Letters, 2012, 12(2): 602-609.

[213] Wang Y, Huang C J, Jonas U, et al. Biosensor based on hydrogel optical waveguide spectroscopy[J]. Biosensors and Bioelectronics, 2010, 25(7): 1663-1668.

[214] Slavík R, Homola J. Optical multilayers for LED-based surface plasmon resonance sensors[J]. Appl.Opt., 2006, 45, 3752-3759.

[215] Wang Z, Wu H H, Li Q, et al. Self-scrolling MoS$_2$ metallic wires[J]. Nanoscale, 2018, 10: 18178-18185.

[216] Wang Z G, Li Q, Xu H X, et al. Controllable etching of MoS$_2$ basal planes for enhanced hydrogen evolution through the formation of active edge sites[J]. Nano Energy, 2018 (49): 634-643.

[217] Wang Z, Li Q, Chen Y, et al. The ambipolar transport behavior of WSe$_2$ transistors and its analogue circuits[J]. NPG Asia Materials, 2018(10): 703-712.

[218] Kou J, Feng J, Wang Q, et al. Microfiber-probe-based ultrasmall interferometric sensor[J]. Optics Letters, 2010, 35(13): 2308-2310.

[219] Tang T T, Ma W Y, Liu W L et al. Sensing of refractive index based on mode interference in a five-layer slab waveguide[J]. Optics Communications, 2015, 334: 294-297.

[220] Feng J, Siu V S, Roelke A, et al. Nanoscale plasmonic interferometers for multispectral, high-throughput biochemical sensing[J]. Nano Letters, 2012, 12(2): 602-609.

[221] Armani A M, Kulkarni R P, Fraser S E, et al. Label-free, single-molecule detection with optical microcavities. Science, 2007, 317(5839): 783-787.

[222] Lam W W, Chu L H, Wong C L, et al. A surface plasmon resonance system for the measurement of glucose in aqueous solution[J]. Sensors and Actuators B: Chemical, 2005, 105(2): 138-143.

[223] Kowalczyk T, Bischel W K, Jubber M, et al. Polymer/silica hybrid waveguide devices[J]. Optical Fiber Communication Conference, 2005.

[224] Sun X Q, Chen C M, Wang F, et al. A multimode interference polymer-silica hybrid waveguide 2×2 thermo-optic switch[J]. Optica Applicata, 2010, 40(3): 737-745.

[225] Passaro V, Magno F, Tsarev A. Investigation of thermo-optic effect and multi-reflector tunable filter/multiplexer in SOI waveguides[J]. Optics Express, 2005, 13(9): 3429-3437.

[226] Lewis E P. The Effects of a Magnetic Field on Radiation: Momoirs by Faraday, Kerr and Zeeman[M]. American: Read Books Ltd, 2013: 1900.

[227] Faraday M. Experimental researches in electricity twenty-first series[J]. Philosophical Transactions of the Royal Society of London, 1846, 136(189): 41-62.

[228] Faraday M I. On the magnetic relations and characters of the metals[J]. The London, Edinburgh, and Dublin Philosophical Magazine and Journal of science, 1845, 27(177): 1-3.

[229] Kerr J. XLIII. On rotation of the plane of polarization by reflection from the pole of a magnet[J]. The London, Edinburgh, and Dublin Philosophical Magazine and Journal of Science, 1877, 3(19): 321-343.

[230] Ferguson P E, Stafsudd O M, Wallis R F. Enhancement of the transverse Kerr magneto-optic effect by surface magnetoplasma waves[J]. Physica B+C, 1977, 89(none): 91-94..

[231] Hui P M, Stroud D. Theory of Faraday rotation by dilute suspensions of small particles[J]. Applied Physics Letters, 1987, 50(15): 950-952.

[232] Safarov V I, Kosobukin V A, Hermann C, et al. Magneto-optical effects enhanced by surface plasmons in metallic multilayer films[J]. Physical Review Letters, 1994, 73(26): 3584-3587.

[233] Bertrand P, Hermann C, Lampel G, et al. General analytical treatment of optics in layered structures: Application to magneto-optics[J]. Physical Review B, 2001, 64(23): 235421.

[234] Melle S, Menendez J L, Armelles G, et al. Magneto-optical properties of nickel nanowire arrays[J]. Applied Physics Letters, 2003, 83(22): 4547-4549.

[235] Uchida H, Masuda Y, Fujikawa R, et al. Large enhancement of Faraday rotation by localized surface plasmon resonance in Au nanoparticles embedded in Bi:YIG film[J]. Journal of Magnetism & Magnetic Materials, 2009, 321(7): 843-845.

[236] Uchida H, Mizutani Y, Nakai Y, et al. Garnet composite films with au particles fabricated by repetitive formation for enhancement of faraday effect[J]. Journal of Physics D: Applied Physics, 2011, 44(6): 064014.

[237] González-Díaz J B, García-Martín A, García-Martín J M, et al. Plasmonic Au/Co/Au nanosandwiches with enhanced magneto-optical activity[J]. Small, 2010, 4(2): 202-205.

[238] Meneses-Rodríguez D, Ferreiro-Vila E, Patricia P, et al. Probing the electromagnetic field distribution within a metallic nanodisk[J]. Small Weinheim an der Bergstrasse, Germany, 2011, 7(23): 3317-3323.

[239] Armelles G, Cebollada A, Garcíamartín A, et al. Magneto-optical properties of core-shell magneto-plasmonic Au-Co$_x$Fe$_{3-x}$O$_4$ nanowires[J]. Langmuir the Acs Journal of Surfaces & Colloids, 2012, 28(24): 9127.

[240] Wang L, Clavero C, Huba Z, et al. Plasmonics and enhanced magneto-optics in core-shell Co-Ag nanoparticles[J]. Nano Letters, 2011, 11(3): 1237-1240.

[241] Kravets V G, Poperenko L V. Specific features of the magnetoreflection of co-based amorphous ribbons in the IR region[J]. Optics & Spectroscopy, 2008, 104(6): 890-895.

[242] Sepúlveda B, Calle A, Lechuga L M, et al. Highly sensitive detection of biomolecules with the magneto-optic surface-plasmon-resonance sensor[J]. Optics Letters, 2006, 31(8): 1085-1087.

[243] Regatos D, Sepúlveda B, Fariña D, et al. Suitable combination of noble/ferromagnetic metal multilayers for enhanced magneto-plasmonic biosensing[J]. Optics Express, 2011, 19(9): 8336-8346.

[244] Regatos D, Fariña D, Calle A, et al. Au/Fe/Au multilayer transducers for magneto-optic surface plasmon resonance sensing[J]. Journal of Applied Physics, 2010, 108(5): 3587.

[245] Qin J, Deng L, Xie J, et al. Highly sensitive sensors based on magneto-optical surface plasmon resonance in Ag/Ce:YIG heterostructures[J]. AIP Advances, 2015, 5(1): 017118.

[246] Zhang Y, Tang T, Li J, et al. Refractive index detection of liquid based on magneto-optical surface plasmon resonance[J]. Laser Physics, 2016, 26(9): 095606.

[247] Gomi M, Abe M. Magneto-optical properties of Al and In-substituted Ce:YIG epitaxial films grown by sputtering (abstract)[J]. Journal of Applied Physics, 1994, 75(10): 6804.

[248] Kim H, Grishin A M, Rao K V, et al. Ce-substituted YIG films grown by pulsed laser deposition for magneto-optic waveguide devices[J]. IEEE Transactions on Magnetics, 1999, 35(5): 3163-3165.

[249] Park M B, Cho N H. Structural and magnetic characteristics of yttrium iron garnet (YIG, Ce:YIG) films prepared by RF magnetron sputter techniques[J]. Journal of Magnetism & Magnetic Materials, 2001, 231(2): 253-264.

[250] Ozbay E. Plasmonics: Merging photonics and electronics at nanoscale dimensions[J]. Science, 2006, 311(5758): 189-193.

[251] Symonds C, Lematre A, Homeyer E, et al. Emission of tamm plasmon/exciton polaritons[J]. Applied Physics Letters, 2009, 95(15): 151114.

[252] Iorsh I, Brand S, Abram R, et al. Tamm plasmon-polaritons: Possible electromagnetic states at the interface of a metal and a dielectric Bragg mirror[J]. Physical Review B (Condensed Matter and Materials Physics), 2007, 76(16): 165415-0.

[253] Goto T, Dorofeenko A V, Merzlikin A M, et al. Optical Tamm states in one-dimensional magnetophotonic structures[J]. Physical Review Letters, 2008, 101(11): 69-71.

[254] Gong Y, Liu X, Lu H, et al. Perfect absorber supported by optical Tamm states in plasmonic waveguide[J]. Optics Express, 2011, 19(19): 18393-18398.

[255] Zhou H, Yang G, Kai W, et al. Multiple optical Tamm states at a metal-dielectric mirror interface[J]. Optics Letters, 2010, 35(24): 4112-4114.

[256] Yanik M F, Fan S, Soljacic M. High-contrast all-optical bistable switching in photonic crystal microcavities[J]. Applied Physics Letters, 2003, 83(14): 2739-2741.

[257] Notomi M, Shinya A, Mitsugi S, et al. Optical bistable switching action of Si high-Q photonic-crystal nanocavities[J]. Optics Express, 2005, 13(7): 2678-2687.

[258] Tanabe T. Fast bistable all-optical switch and memory on silicon photonic crystal on-chip[J]. Opt. Lett., 2005, 30(19): 2575-7.

[259] Kavokin A V, Shelykh I A, Malpuech G. Lossless interface modes at the boundary between two periodic dielectric structures[J]. Physical Review B, 2005, 72(23): 3102.

[260] Vinogradov A P, Dorofeenko A V, Erokhin S G, et al. Surface state peculiarities in one-dimensional photonic crystal interfaces[J]. Phys.Rev.B, 2006, 74(4): 045128.

[261] Kaliteevski M, Iorsh I, Brand S, et al. Tamm plasmon-polaritons: Possible electromagnetic states at the interface of a metal and a dielectric Bragg mirror[J]. Physic Review B, 2007, 76(16): 165415.

[262] Grossmann C, Coulson C, Christmann G, et al. Tuneable polaritonics at room temperature with strongly coupled Tamm plasmon polaritons in metal/air-gap microcavities[J]. Applied Physics Letters, 2011, 98(23): 409.

[263] Green M A, Keevers M J. Optical properties of intrinsic silicon at 300 K[J]. Prostate, 2010, 3(3): 189-192.

[264] Mcpeak K M, Jayanti S V, Kress S, et al. Plasmonic films can easily be better: Rules and recipes[J]. ACS Photonics, 2015, 2(3): 326-333.

[265] Kaihara T, Ando T, Shimizu H, et al. Enhancement of magneto-optical Kerr effect by surface plasmons in trilayer structure consisting of double-layer dielectrics and ferromagnetic metal[J]. Optics Express, 2015, 23(9): 11537-11555.

[266] Qin J, Deng L, Xie J, et al. Highly sensitive sensors based on magneto-optical surface plasmon resonance in Ag/Ce:YIG heterostructures[J]. AIP Advances, 2015, 5(1): 017118.

[267] Arimoto H, Watanabe W, Masaki K, et al. Measurement of refractive index change induced by dark reaction of photopolymer with digital holographic quantitative phase microscopy[J]. Optics Communications, 2012, 285(24): 4911-4917.

[268] Edlén B. The dispersion of standard air*[J]. Journal of the Optical Society of America, 1953, 43(5): 339.

[269] Edlén B. The refractive index of air[J]. Metrologia, 1966, 2(2): 71.

[270] Hosten A, Kwiat P. Bservation of the spin Hall effect of light via weak measurements[J]. Science, 2008, 319(5864): 787-790.

[271] Zhou X, Li X, Luo H, et al. When optimal preselection and postselection in weak measurements for observing photonic spin Hall effect[J]. Applied Physics Letters, 2014, 104(5): 1351.

[272] Zhu C, Zeng Z, Hai L, et al. Single-layer MoS$_2$-based nanoprobes for homogeneous detection of biomolecules[J]. Journal of the American Chemical Society, 2013, 135(16): 5998.

[273] Ferrari A C, Bonaccorso F, Fal′Ko V, et al. Science and technology roadmap for graphene, related two-dimensional crystals, and hybrid systems[J]. Nanoscale, 2015, 7(11): 4598-4810.

[274] Wu L, Chu H S, Koh W S, et al. Highly sensitive graphene biosensors based on surface plasmon resonance[J]. Optics Express, 2010, 18(14): 14395-14400.

[275] Kim J, Son H, Cho D J, et al. Electrical control of optical plasmon resonance with graphene[J]. Nano Letters, 2012, 12(11): 5598.

[276] Hossain M B, Muktadhir S, Rana M M. Multi-structural optical devices modeling using graphene tri-layer sheets[J]. Optik - International Journal for Light and Electron Optics, 2016, 127(15): 5841-5851.

[277] Bo S, Di L, Qi W, et al. Graphene on Au(111): A highly conductive material with excellent adsorption properties for high-resolution bio/nanodetection and identification[J]. Chem. Phys. Chem., 2010, 11(3): 585-589.

[278] Loan P T K, Zhang W, Lin C T, et al. Graphene/MoS$_2$ heterostructures for ultrasensitive detection of DNA hybridisation[J]. Advanced Materials, 2014, 26(28): 4838-4844.

[279] Lopez-Sanchez O, D Lembke, Kayci M, et al. Ultrasensitive photodetectors based on monolayer MoS$_2$[J]. Nature Nanotechnology, 2013, 8(7): 497-501.

[280] Mak K F, Lee C, Hone J, et al. Atomically thin MoS$_2$: A new direct-gap semiconductor[J]. Physical Review Letters, 2010, 105(13): 136805.

[281] Zeng S W, Hu S, Xia J, et al. Graphene-MoS$_2$ hybrid nanostructures enhanced surface plasmon resonance biosensors[J]. Sensors and Actuators B: Chemical, 2015, 207: 801-810.

[282] Farimani A B, Min K, Aluru N R. DNA base detection using a single-layer MoS$_2$[J]. ACS Nano, 2014, 8(8): 7914-7922.

[283] Novoselov K S, Novoselov K S, Neto A H. Two-dimensional crystals-based heterostructures: Materials with tailored properties[J]. Physica Scripta, 2012, T146:014006.

[284] Wang L F, Ma T B, Hu Y Z, et al. Superlubricity of two-dimensional fluorographene/MoS$_2$ heterostructure: A first-principles study[J]. Nanotechnology, 2014, 25(38): 385701.

[285] Wijaya E, Lenaerts C, Maricot S, et al. Surface plasmon resonance-based biosensors: From the development of different SPR structures to novel surface functionalization strategies[J]. Current Opinion in Solid State & Materials Science, 2011, 15(5): 208-224.

[286] Lee K S, Son J M, Jeong D Y, et al. Resolution enhancement in surface plasmon resonance sensor based on waveguide coupled mode by combining a bimetallic approach[J]. Sensors, 2010, 10(12): 11390-11399.

[287] Maurya J B, Prajapati Y K, Singh V, et al. Performance of grapheme-MoS$_2$ based surface plasmon resonance sensor using silicon layer[J]. Optical and Quantum Electronics, 2015, 47(11): 3599-3611.

[288] Tiwari J N, Tiwari R N, Kim K S. Zero-dimensional, one-dimensional, two-dimensional and three-dimensional nanostructured materials for advanced electrochemical energy devices[J]. Progress in Materials Science, 2012, 57(4): 724-803.

[289] Chyou J J, Chu C S, Shih Z H, et al. High-efficiency electro-optic polymer light modulator based on waveguide-coupled surface plasmon resonance[J]. Proceedings of SPIE-The International Society for Optical Engineering, 2003, 5221: 197-206.

[290] Pan J, Thierry D, Leygraf C. Hydrogen peroxide toward enhanced oxide growth on titanium in PBS solution: Blue coloration and clinical relevance[J]. Journal of Biomedical Materials Research Part A, 1996, 30(3): 393-402.

[291] Homola J. Present and future of surface plasmon resonance biosensors[J]. Analytical & Bioanalytical Chemistry, 2003, 377(3): 528-539.

[292] Hossain M B, Ran M M. Graphene coated high sensitive surface plasmon resonance biosensor for sensing DNA hybridization[J]. Sensor Letters, 2016, 14(2): 145-152.

[293] Austruy E, Cohen-Salmon M, Antignac C, et al. Isolation of kidney complementary DNAs down-expressed in Wilms' tumor by a subtractive hybridization approach[J]. Cancer Research, 1993, 53(12): 2888-2894.

[294] Horng J, Chen C F, Geng B, et al. Drudeconductivity of Dirac fermions in graphene[J]. Physical Review B Condensed Matter, 2010.

[295] Brar V W, Jang M S, Sherrott M, et al. Highly confined tunable mid-infrared plasmonics in graphene nanoresonators[J]. Nano Letters, 2013, 13(6): 2541-2547.

[296] Loewenstein E V, Smith D R, Morgan R L. Optical constants of far infrared materials 2: Crystalline solids[J]. Appl Opt., 1973, 12(2): 398-406.

[297] Yan H, Li X, Chandra B, et al. Tunable infrared plasmonic devices using graphene/insulator stacks[J]. Nature Nanotechnology, 2012, 7(5): 330-334.

[298] Leggett A J. Comment on "How the result of a measurement of a component of the spin of a spin-(1/2 particle can turn out to be 100" [J]. Physical Review Letters, 1989, 62(19): 2325.

[299] Ferguson P E, Stafsudd O M, Wallis R F. Enhancement of the transverse kerr magneto-optic effect by surface magnetoplasma waves[J]. Physi CB+C, 1977, 89(none): 91-94.

[300] Jiang X, Wang Q, Guo J, et al. Enhanced photonic spin Hall effect with a bimetallic film surface plasmon resonance[J]. Plasmonics, 2017, 13(4):1-7.

[301] Chen S Z, Ling X H, Shu W X, et al. Precision measurement of the optical conductivity of atomically thin crystals via the photonic spin Hall effect[J]. Physical Review A, 2020, 13(1): 014057.

[302] 章春香, 殷海荣, 刘立营. 磁光材料的典型效应及其应用[J]. 磁性材料及器件, 039(3): 8-11,16.

[303] 彭帆, 黄勇, 刘鸿涛. 钴毒性的临床反应[J]. 国外医学(医学地理分册), 2001, 022(1): 7-8, 22.

[304] Leena Peltonen. Nickel Sensitivity in the general population[J]. Contact Dermatitis, 1979, 5(1): 27-32.

[305] Dillon J F. Optical Properties of Several Ferrimagnetic Garnets[J]. Journal of Applied Physics, 1958, 29(3): 539-541.

[306] Kurtzig A J, Wolfe R, Lecraw R C, et al. Magneto-optical properties of a green room-temperature ferromagnet: FeBO₃[J]. Applied Physics Letters, 1969, 14(11): 350-352.

[307] Krumme J P, Hansen P. A new type of magnetic domain wall in nearly compensated Ga-substituted YIG[J]. Applied Physics Letters, 1973, 22(7): 312-314.

[308] Gomi H, Kawato M. Learning control for a closed loop system using feedback-error-learning[C]//29th IEEE Conference on Decision and Control. IEEE, 1990: 3289-3294.

[309] 吕新杰, 杨军, 明海. 聚合物光波导器件的最新进展[J]. 大气与环境光学学报, 2004, 17(6): 6-11.

[310] Tayloy P R, Shuey S A, Vidal E E, et al. Extractive metallurgy of vanadium-containing titaniferous magnetite ores: A review[J]. Minerals & Metallurgical Processing, 2006, 23(2): 80-86.

[311] Morin F J. Oxides which show a metal-to-insulator transition at the Neel temperature[J]. Physical Review Letters, 1959, 3(1): 34-36.

[312] 徐凯, 路远, 凌永顺. 二氧化钒的相变机理研究进展[J]. 材料科学与工程学报, 2014, 32(4):602-606.

[313] 张冬煜,彭晓昱,杜海伟, 等.基于光诱导二氧化钒薄膜相变的太赫兹波调制材料研究[J].长春理工大学学报(自然科学版),2018,41(4):12-15.

[314] Corradini R, Sforza S, Tedeschi T, et al. Chirality as a tool in nucleic acid recognition: Principles and relevance in biotechnology and in medicinal chemistry[J]. Chirality, 2010, 19(4): 269-294.

[315] Bodenhofer K, Hierlemann A, Seemann J, et al. Chiral discrimination using piezoelectric and optical gas sensors[J]. Nature, 1997, 387(6633): 577-580.

[316] Mckendry R, Theoclitou M E, Rayment T, et al. Chiral discrimination by chemical force microscopy[J]. Nature, 1998, 391(6667): 566-568.

[317] Hofstetter O, Hofstetter H, Wilchek M, et al. Chiral discrimination using an immunosensor[J]. Nature Biotechnology, 1999, 17(4): 371-374.

[318] Pu L. Fluorescence of organic molecules in chiral recognition[J]. Chemical Reviews, 2004, 104(3):1687-1716.

[319] Tang Y, Cohen A E. Enhanced enantioselectivity in excitation of chiral molecules by superchiral light[J]. Science, 2011, 332(6027):333-336.

[320] Reetz M T, Becker M H, Klein H W, et al. Eine methodezum high-throughput-screening von enantioselektiven katalysatoren[J]. Angewandte Chemie, 1999, 111(12): 1872-1875.

[321] Manfred T, Reetz Prof, Klaus M, et al. Super-high-throughput screening of enantioselective catalysts by using capillary array electrophoresis[J]. Angewandte Chemie International Edition,2000,39(21): 3891-3893.

[322] Leggett A J. How the result of a measurement of a component of the spin of a spin-1/2 particle can turn out to be 100[J]. Physical Review Letters, 1989, 62(19): 2325.

[323] Jozsa R. Complex weak values in quantum measurement[J]. Physical Review A, 2007, 76(4): 538.

[324] Woerdman A A P. Role of beam propagation in Goos-Hanchen and imbert-fedorov shifts[J]. Optics Letters, 2008, 33(13): 1437-1439.

[325] Alkadi H, Jbeily R. Role of chirality in drugs[J]. Infectious Disorders Drug Targets, 2017, 18(2): 88-95.

[326] Addadi K, Sekkoum K, Belboukhari N, et al. Screening approach for chiral separation of β-aminoketones by HPLC on various polysaccharide-based chiral stationary phases[J]. Chirality, 2015, 27(5): 322-328.

[327] Gal J. Molecular chirality in chemistry and biology: Historical milestones[J]. Helvetica Chimica Acta, 2013, 96(9): 1617-1657.

[328] Pilicer S L, Wolf C. Ninhydrin revisited: Quantitative chirality recognition of amines and amino alcohols based on nondestructive dynamic covalent chemistry[J]. The Journal of Organic Chemistry, 2020: 85.

[329] Shen B, Xie H, Gu L, et al. Direct chirality recognition of single-crystalline and single-walled transition metal oxide nanotubes on carbon nanotube templates[J]. Advanced Materials, 2018, 42(1): 93-102.

[330] Xu L, Luo L, Wu H, et al. Measurement of chiral molecular parameters based on combination of surface plasmon resonance and weak value amplification[J]. ACS Sensors, 2020: 2398-2407.

[331] Qiao Z, Shi L, Guan T, et al. The real-time determination of D- and L-lactate based on optical weak measurement[J]. Analytical Methods, 2019, 11(16): 2223-2230.

[332] Ogino Y, Tanaka M, Shimozawa T, et al. LC－MS/MS and chiroptical spectroscopic analyses of multidimensional metabolic systems of chiral thalidomide and its derivatives[J]. Chirality, 2017, 29(6): 282-293.

[333] Nakanishi T, Yamakawa N, Asahi T, et al. Chiral discrimination between thalidomide enantiomers using a solid surface with two-dimensional chirality[J]. Chirality, 2010, 16(S1): S36-S39.

[334] Hassan Y, Enein A, Islam M R. Direct HPLC separation of thalidomide enantiomers using cellulose tris4-methylphenyl benzoate chiral stationary phase[J]. Journal of Liquid Chromatography, 1991, 14(4): 667-673.

[335] Stinson S C. Drug delivery systems, threats from generics, and FDA requirements all intersect the issue of chirality[J]. Chemical & Engineering News Archive, 1999, 77(101): 120.

[336] Stinson S C. Chiral drug market shows signs of maturity[J]. Chemical & Engineering News, 1997, 75(42): 38.

[337] Sofikitis D, Bougas L, Katsoprinakis G E, et al. Evanescent-wave and ambient chiral sensing by signal-reversing cavity ringdown polarimetry[J]. Nature, 2014, 514(7520): 76-79.

[338] James T D, Shinkai S, Kras S. Chiral discrimination of monosaccharides using a fluorescent molecular sensor[J]. Nature, 1995, 374(6520): 345-347..

[339] Reetz M T, Becker M H, Klein H W, et al. A method for high-throughput screening of enantioselective catalysts[J]. Angewandte Chemie International Edition, 1999, 38(12): 1758-1761.

[340] Nesterov M L, Yin X, Schferling M, et al. The role of plasmon-generated near-fields for enhanced circular dichroism spectroscopy[J]. ACS Photonics, 2016, 3(4) 578-583.

[341] Ai B, Luong H M, Zhao Y. Chiral nanohole arrays[J]. Nanoscale, 2020, 12: 2479-2491.

[342] Yoo S J, Park Q H. Metamaterials and chiral sensing: A review of fundamentals and applications[J]. Nanophotonics, 2019: 249-261.

[343] Ghosh A, Fischer P. Chiral molecules split light: Reflection and refraction in a chiral liquid[J]. Physical Review Letters, 2006, 97(17): 173002.

[344] Zhang P Y. Tang T T, Luo L, et al. Magneto-optical spin Hall effect of light and its application in refractive index detection[J]. Optics Commun., 2020, 475: 126175.

[345] Zhou X, Ling X, H. Luo. L, et al. Identifying graphene layers via spin Hall effect of light[J]. Applied Physics Letters, 2012, 101(25): 251602.

[346] Fl A, Tta B, Li L, et al. Terahertz radiation field distribution manipulation by metasurface with graphene substrate[J]. Superlattices and Microstructures, 2019, 133: 106211.

[347] Zhou H, Wei Y, Hao W, et al. Estimating constituents of optical isomers in mixed solution based on spin Hall effect of light[J]. Applied Optics, 2017, 56(21): 5794-5798.